理想新校园

——用建筑空间提升中国教育的未来

傅斌 著

中国建筑工业出版社

图书在版编目（CIP）数据

理想新校园：用建筑空间提升中国教育的未来 / 傅
斌著 . —北京：中国建筑工业出版社，2023.12（2024.9 重印）
ISBN 978-7-112-29245-5

Ⅰ.①理…　Ⅱ.①傅…　Ⅲ.①教育建筑—研究—中国
Ⅳ.①TU244

中国国家版本馆 CIP 数据核字（2023）第 184280 号

责任编辑：代　静　陈夕涛　李　东　徐昌强
责任校对：姜小莲
校对整理：李辰馨

理想新校园——用建筑空间提升中国教育的未来

傅斌　著

*

中国建筑工业出版社出版、发行（北京海淀三里河路 9 号）
各地新华书店、建筑书店经销
华之逸品书装设计制版
北京中科印刷有限公司印刷

*

开本：787 毫米×1092 毫米　1/16　印张：15½　字数：282 千字
2024 年 2 月第一版　　2024 年 9 月第二次印刷
定价：**65.00** 元
ISBN　978-7-112-29245-5
（41950）

版权所有　翻印必究

前　言

当今中国，面向未来的素质教育改革正风起云涌，中小学校园设计也方兴未艾，但相对于教育改革来说中小学校园设计改革却呈现出落后的状态。学校建筑的类型本应该是最丰富的，但长期以来，中小学校园设计乃至整个投资建造体系，逐渐趋同于固定的范式化设计。该种设计不仅脱离了"以人为本"的基本原则，也不适应未来教育的新需求，甚至已严重阻碍了人才个性的发展。

如何避免范式？如何向更灵活、更具适应性、更多样化的方向发展？如何以更多元的途径回应不同地域背景下不断创新的教学方法与实践？如何用建筑设计为教育赋能？如何用建筑空间提升中国教育的未来？

本书通过对国内外教育建筑及中小学教育的历史、现状和发展趋势的分析，并结合近几年国内实际工程中涌现出来的大量新时代校园设计案例，创新性地提出了"校园综合体""迭代的教学空间""复合的公共空间""丰富的室外空间""向社区开放、融合"和"安全的绿色校园"等"新校园六点"。作为我国教育新趋势下未来中小学校园的普遍性设计策略。"新校园六点"的提法为本书首创，并以此向柯布西耶的划时代宣言"走向新建筑"致敬。

本书面向全国，让建筑师了解现代中小学校建筑设计的发展趋势及如何规划、设计中小学校园；让学校建设者了解如何制定新校园的设计任务书；让教育工作者利用新校园设计改进教育模式。

本书不是设计规范、导则或手册，也不是空泛的纯粹理论或简单的案例罗列。

本书既创新性地提出了系统理论，又有最新的典型案例。内容够新够充实，能代表当下，展望未来；能指导和引领新时代的教育建筑设计，填补目前国内中小学建筑设计研究的一项空白。

全书共6章。

第1章简要回顾历史，介绍现状及发展方向；第2章"新校园六点"是本书提出的现阶段的主要理论；第3、4章节是国内最新的典型案例，强调先锋性和代表性；第5章是国外的典型案例，可作为国内校园设计的参考；第6章是对未来学校的畅想。

本书的完成，得益于多个机构和个人的协助与支持，在此，衷心向他们表示感谢：感谢中国建筑工业出版社，尤其是本书的编辑代静女士和陈夕涛先生，本书是在他们的鼓励和督促下，才得以最终完成；感谢中建东北院总建筑师任炳文教授，他对本书的构架提出了很多建设性意见，且对第2章中"新校园6点"中的许多观点也给出了创造性的建议；感谢奥意建筑设计股份有限公司总经理周栋良先生，深圳市建筑设计研究总院总建筑师黄晓东教授，以及和我分享自身经验的多位项目建筑师。在此一并向各位致以最诚挚的谢意。

傅　斌

2023年10月于深圳

目　录

第1章

教育的历史沿革与现状

在正式探讨今天的教育建筑之前，很有必要回顾一下教育及教育建筑的历史沿革。人类并不是从一开始就有学校的，从古代到近现代，教育和教育建筑的发展大致可分为四个重要的历史阶段：第一次教育革命，第二次教育革命，第三次教育革命和现代工业化教育[①]。

1.1
教育及教育建筑的历史沿革

1.1.1 第一次教育革命时期

英国历史学家埃里克·阿什比以教育形式的发展为主线，把教育历程的变革分为三次革命。

第一次教育革命以语言和文字的出现作为媒介，教育活动从家族走向社会，教育活动的形式也呈现出从封闭转为开放的倾向。人类的教育活动，由于有了语言、文字这两种不同功能的工具而有了长足的发展，教育效率大大提升，从而也将人类文明向前推进了一大步。此时，虽然尚未形成学校，但出现了有教育性质的活动和场所。如男青年在氏族部落居住区内的广场中学习骑马、射箭、打猎、格斗等生产技能和知识，女青年则学习种植、饲养等技能。

学校

我认为
学校是由
　　适合学习的空间
所构成的环境；
学校开始于一棵树下，
一个不自觉为老师的人
与一些不自觉为学生的人
讨论着他们对事物的领悟，
这些学生希望
　　他们的子女
也能听听像他这样的人讲话，
于是
空间被建造起来，
第一所学校因此产生；
我们也可以说，
学校的 存在意愿
早在那棵树下的人之前
便有了，
这就是为什么
最好让心灵
回到初始的起点
去思考，
因为
任何成型组织的活动，
在开始的时候
它总是最美好的。

——路易斯·康

理想新校园——用建筑空间提升中国教育的未来

[①] 埃里克·阿什比.科技发达时代的大学教育 [M].腾大春，腾大生，译.北京：人民教育出版社，1983.

原始社会低下的生产力和落后的生产关系决定了当时的教育活动简单粗糙，教育行为成封闭形式，仅限于在家族群居的范围内进行，教育活动的内容局限于有关生存技能和精神寄托。在这个生产和生活浑然一体的原始状态下，没有稳定的教育者和受教育者，也没有固定的教育场所和规范的教育内容。

1.1.2 第二次教育革命时期

第二次教育革命以专职教师的出现为标志。从公元前2600年到公元前500年左右，教育发展缓慢，产生了能够为教育活动工作但并未专职化的人群。在古埃及，出现了培养皇家子弟和朝廷重臣后代的宫廷教育、职官教育、书吏教育以及培养僧侣的寺庙教育。古埃及的宫廷教育在宫廷中设立的学校进行；职官教育在各政府机关的办公处所进行；寺庙是古代埃及研究学术和传播文化科学知识的重要场所，规模宏大的寺庙往往就是当时传授高深知识的学府。

古希腊只对奴隶主的子女进行教育，一般人没有受教育的机会。公元前约509年，古希腊也出现了以讲演谋生的智者。这些人往往在公共场所以演讲的方式广为招揽信徒，信奉者多了，便选择弟子随行，并系统地向他们传授知识。公共场所涵盖面很广，以城市中心广场最为突出，比如在古希腊的广场周围建造的一圈柱廊就是雄辩家演讲的长廊（图1-1-1）。这时期的教育空间往往是附属于贵族、僧侣生活工作空间的一部分，或是公共空间的一部分，没有专门的学校建筑。公元前450年左右，古希腊才出现了专职教师。

图1-1-1 古希腊的雅典广场

图片来源：https://image.baidu.com/search/detail?ct=503316480&z=0&ipn=d&word

1.1.3 第三次教育革命时期

第三次教育革命以印刷术和教科书的使用及学校的建立为标志。纸张和印刷术的发明，使得人类的教育活动有了长足的发展，印刷术使教材上了生产流水线，摆脱了手抄书本的困境，大大降低了教材的成本且大大增加了教材的数量。其使平民受教育成为可能，为学校的建立提供了准备。

15世纪，因工商业发展的需要，城市学校普遍设立，打破了教会对教育垄断的局面，此时出现的学校才具有今天所谈论的学校意义。文艺复兴时期，许多教育家主持的学校已无阶级教育之分，学校授课的范围更广泛，除了宗教道德教育外，也培养勇敢、进取、勤奋的世俗道德教育，教育方式也更加开放，教育范围也进一步扩大。

1.1.4 现代工业化教育时期

现代工业化教育是在大工业社会对大量有知识人才需求的背景下产生的。它孕育于文艺复兴时期，发展于18、19世纪，成型于20世纪，最终表现出现代工业化教育所特有的性质。

现代工业化教育的核心内容是大量培养工业社会所需人才，故需极大扩大受教育人群。"编班授课制"是现代工业教育采取的最典型的教学组织方式，是指以课堂为单位，将学生按照不同年龄和知识程度编成班级，教师按不同专业设置学科，按教学大纲规定授课内容，在固定的时间内进行的封闭式的教学。

这种教学方式，使劳动者在具备一定知识和技能水平之后能够快速投入工作中，使大规模的人才培养成为可能。编班授课，在充分发挥教师作用和提高教学效率方面，做出了过去历史上任何教学组织形式都不曾作出的贡献。也正是因为如此，至今仍被广泛采用，并且在许多国家继续彰显出它的生命力。

在这种教学方式下产生的编班授课制教室——相同规格大小的矩形教室空间的积累，是工业化时代典型的学校建筑空间组织形式。

1.1.5 中国教育及教育建筑的历史沿革

我国在4000多年前就有了学校，名字叫"庠"。到了夏朝，学校被分为四个等级，按级别叫"学""东序""西序""校"。到商朝，又把这四种学校的名字改为"学""右学""左学""序"。西周有了大学与小学之分，校、序、庠、塾均为小学，教育对象都是贵族子弟。

春秋战国时期，社会急剧震荡，最重要的是官学衰微，私学兴起。后来的朝代，还有在王府里设立的学校，叫"辟雍""成均"等。此后2000多年的封建社会中，私学与官学始终相辅而并行，构成了我国古代教育体制的基本格局。从春秋战国时开始，中国的学校就分为官学和私学两种。但因官立小学兴废无常，实际上多由私人设立的学塾，承担儿童的教育责任，又称蒙学教育，故这类学校的老师又称蒙师。汉朝在我国古代教育史上是一个比较昌盛的时期。汉代的学校分为官学和私学两种，其中，私学的书馆，亦称蒙学，相当于小学程度。明朝、清朝时期的蒙学教育建筑称为"塾"。1902年，清政府颁定的《钦定学堂章程》中，称小学为学堂，1912年的学制中改称为学校。

在有新式学堂之前，中国儿童接受正规启蒙教育的场所就是学塾[①]。在"塾"时期几乎没有正式的教学活动场所，教学通常在寺庙、家宅中展开。这类学校除了少数由官僚、地主、商人等富贵人家所开设外，大多都十分简陋，没有专门的校舍。此段时间的教学空间大都为"一屋式"，学习方法也只有一个，那就是背诵。

1904年农历新年之前，两湖总督张之洞奏请修改了学制，将各地的书院改为兼习中西的新式学堂，同时废除了沿袭千年的科举制度，成为中国近代教育的开端。中国近代教育改革模仿的对象是日本学堂的教育模式，相对于学塾的教育模式有了长足进步。从清末建立小学学制开始到新中国成立这一时期，以教学行为展开为目的的教育建筑开始出现，形成具有现代教育意义的中小学校。但是，由于我国历史发展的特殊性，我国近代小学教育相对于中高等教育一直较弱，教育建筑也无特定的形制，近现代中小学建筑发展缓慢。

从新中国成立到20世纪70年代，由于我国特殊的历史发展进程，这一时期中小学教育及教育空间的发展没有与世界发展同步。教育基建投入少，校舍建设受到片面强调降低建筑标准和工程造价的影响。此时期所建校舍忽视了坚固、适用、美观的建筑方案，使校舍整体质量受到严重影响，只能保证教育事业发展及教学活动的基本要求。

从20世纪70年代末到80年代，国家开始重视教育，全国建立统一的学校建筑标准，并随着技术发展将电教设施引入学校，中小学校的建设标准普遍提高，各类

---

① 义学、教馆与家塾. http://csonline.com.cn/information/rljyjsh/200308/t20030808_1429.htm, 2003.

教学用房基本齐备，建筑功能日趋完善，"长外廊串联固定教室"的布局是这一时期教学楼的主要形式。从20世纪80年代开始，随着国家将教育列为发展经济战略的重点之一，教育投入逐年递增，办学条件普遍得到改善，中小学建筑标准普遍提高。1982—1986年，国家相继制定和颁布了《中等师范学校及城市一般中小学面积定额》、《中小学校建筑设计规范》，1984年举办了第一次全国中小学建筑设计方案竞赛，拓宽了学校建筑思路，使中小学建筑的规划设计水平普遍提高。

1.2
中国教育及教育建筑的现状

1.2.1 学生规模庞大和学校数量众多

20世纪90年代初至今为教育改革提高阶段。20世纪90年代以来，我国教育改革日益深化，教育投入逐年增加，各类新型学校不断出现，部分学校向城外发展，用地规模增大，景观设计得到重视，学校拥有完备的教学、实验、体育和生活设施以及富有人文气息的校园空间。但大部分地区学校在提高建筑标准的同时，学校建筑功能布局无明显改善，还是以适应编班授课制的"长外廊串联固定教室"的布局为主[①]。

根据教育部2014年全国教育事业发展统计公报中的数据，我国现有小学20.14万所，初中学校5.26万所，高中阶段学校2.57万所。全国中小学校在校生人数1.8亿人，校舍面积总数达162606万平方米。可见，在校生规模庞大，中小学校数量众多是中国学校的现状。郑观应曾说："学校者，造就人才之地，治天下之大本也。"学校建设对于社会发展的意义不言而喻。

中小学校是大量性建筑，然而在这一领域的论文、专著、译文的数量与大量存在的学校建筑是极不相称的，与有近2亿学生的成长需求现状更有不小的距离。

1.2.2 现代学校制度的内在缺陷

20世纪60年代以后，现代教育中暴露出来的问题越来越明显，正如美国教育

① 顾泠沅.教学改革的行动与诠释[M].北京：人民教育出版社.2003：158-159.

哲学家奈勒所说的那样："我们的儿童像羊群一样被赶进工厂，在那里无视他们独特的个性，而把他们按照同一个模样加工和塑造，我们的教师们被迫，或自认为是被迫去按照别人给他们规定好的路线去教学。这种教育制度既使学生异化，也使教师异化了"。

工业社会对理性秩序的片面追求引发了现代教育的机械性，人们发现效率为先的工业化人才的培养模式问题很大。最根本的问题是，它强调效率优先，用工厂化的生产方式"生产"人才，用整齐划一的教育模式安排教育生活，除了统一的入学时间和统一的上课时间，还用统一的教学大纲、统一的教材、统一的教学进度和统一的考试评价来培养虽然年龄相仿但个性迥异、能力水平不一的人。这就像是古希腊神话中的恶魔普洛克路斯忒斯之床。

传说中恶魔普洛克路斯忒斯有一张铁床，他热情邀请人们到家中过夜，但是只有身体的高度和床一样长的人才被允许睡觉，否则比床长的人要被砍掉腿脚，比床短的人则要被强行拉到和床一样长。这张床，就类似于现代学校制度的标准。我们用这个标准要求所有学生，所以学生学习的很累、很苦，每个人个性得不到张扬，潜能得不到发挥。这正是现代学校制度的内在缺陷[①]。

1.2.3 "强排式学校"的弊端

编班制课堂组织形式在此时暴露了其局限性。学生在这个枯燥的工厂式空间中，不分认知水准地、统一地接受知识灌输，并且无权思考这样的知识对不对，也无权思考自己该不该认同。同时，建筑师在设计学校时，常常机械地按学校所需规模进行班级空间的排列，再按规范加上一定数量的附属教学空间，一个"强排式学校"就这样诞生了（图1-2-1、图1-2-2）。

深圳大学建筑与城市规划学院龚维敏教授曾说过一段话："学校本来应该有着最丰富的类型，但长期以来，中小学设计乃至整个投资建造体系，慢慢形成了一种单调无趣的模式化设计和僵化、呆板、单调的类型。"诞生于低密度时代的全国性学校建筑规范，没有充分考虑不同地域间的气候和城市发展差异，纯粹的功能和规范成了设计的中心，产生了巨量套路化的"强排"方案[②]。建筑的核心被抽空后便只剩用僵硬的规范和图则叠加而成的学校楼房。

① 朱永新.未来学校：重新定义教育[M].北京：中信出版社.2019：17.
② 周红玫.福田新校园行动计划：从红岭实验小学到"8+1"建筑联展[J].时代建筑，2022（2）：54-61.

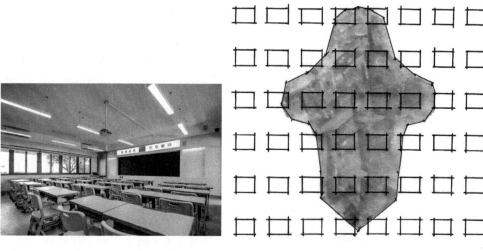

图 1-2-1 "千校一面"的强排式学校
——深圳某小学普通教室室内
图片来源：作者拍摄

图 1-2-2 "秧田式"座位排列——教学行动区示意图
图片来源：由作者根据网络图片改绘

如此课堂组织形式与"强排式"的建筑空间设计，严重阻碍了人才个性的发展。于是曾经对教育起到极大推动作用，甚至今天仍是我国和许多国家主流教育模式的"编班授课制"和"强排式学校"，在欧美、日本等发达国家及地区被新出现的开放式教育和开放式校园逐渐取代。

1.3
教育与教育建筑的发展方向

1.3.1 开放式教育和终身教育

所谓开放式教育，是指以儿童为中心，适应学生个别差异，设计适宜的学习环境，激发学生不断主动探索学习，使儿童获得全面发展的教育理念与措施。开放包括以下几层含义：开放空间，打开教室与教室之间的界墙；协同教学，打开教师与教师之间的界墙；弹性化的时间表，打开时间与时间之间的界墙；综合学习，打开学科与学科之间的界墙；社区学校，打破学校与社区的界墙。

所谓终身教育，则是当今各国教育改革的共同指导思想。20世纪80年代以来，世界各国都在积极调整和完善本国的学校教育制度，以适应社会发展的需要，总的来看，终身教育体系是各国学制改革的共同目标。终身教育是持续的，包括各个年龄阶段，贯穿人一生的整个过程；终身教育包括各种形式的教育，它谋求正规教育与非正规教育，学校教育与社会教育等多种形式的教育之间的联系和统一，把一切具有教育功能的机构都连接起来[①]。

在终身教育思想的指导下，许多国家的中小学学制发生了重大变化。教育的基本价值取向，是为人的终身学习奠定基础，学校的培养目标是要由过去的重视学生的知识储备，转变为重视学生综合素质的培养；学校的组织机构，要向开放和网络化调整，即学校对社会大生活保持开放心态，使自己成为社区生活的一个机构，如开放校舍设备、开放教育教学活动、参与社区文化活动建设，同时对现有的教育资源进行优化整合，使之成为教育网络，加强学校与学校、学校与社会之间的联系。

在我国，终身教育、终身学习的概念自引入后就被迅速接受并运用到教育实践中。1993年，《中国教育改革和发展纲要》确立了终身教育的发展目标。1995年3月通过的《中华人民共和国教育法》规定，国家要推进教育改革，逐步建立和完善终身教育体系。为公民接受终身教育创造条件。1999年1月，由国务院批准的《面向21世纪教育振兴行动计划》再次强调，终身教育、终身学习是教育发展和社会进步的共同要求，要逐步建立和完善终身教育体系[②]。

1.3.2 中国的素质教育

素质教育是根据我国教育现状提出的一个全新的教育理念，内涵是全面育人，促进人的全面发展，全面提升人的素质，素质教育不是对应试教育的一种简单否定，两者不是非此即彼的关系，因此，素质教育的实践不是把应试教育完全推倒重来的过程，而是在实践中不断探索克服应试教育的弊端，积极建立素质教育的教育理念与教学模式，并建立相应教学空间的过程。

1999年6月13日，国务院颁布《中共中央国务院关于深化教育改革，全面推进素质教育的决定》。目前，我国中小学教育处在应试教育和素质教育相互交织、逐

---

① 楚旋.30年来国外改进研究述评[J].现代教育管理，2009（12）：97-100.
② 中国共产党中央委员会.中共中央关于教育体制改革的决定[Z].北京：中国共产党中央委员会，1985.

步变革的过程中。素质教育的研究尚未完全形成，系统的理论改革正处在应试教育向素质教育转变的阶段。随着研究的深入，人们正慢慢地达成共识，对素质教育的含义和内容以及相关的概念已经有一个比较清晰的轮廓。2016年，北京师范大学发布了一份报告，主题是"中国学生发展核心素养"，这份总体框架性质的报告，是受教育部委托编写的。报告的核心就是培养全面发展的人，内容分为文化基础、自主发展、社会参与，综合表现为人文底蕴、科学精神、学会学习、健康生活、责任担当、实践创新六大素养，又具体细化为国家认同等18个基本要点。

素质教育是因材施教，重视学生个性发展的教育，实质是通过教学，以知识传授和能力培养为主要载体，在此基础上培养学生的综合素质[1]。

素质教育呼吁从"以知识为中心"转向"以学生为中心"，其根本原因是过去以传授知识为主要目标的教育，在信息革命的攻势下束手无策，因此把原有的教育目标调整为学会学习，加强素养的新目标。

在终身教育的大背景下，以珍惜每位学生成长为目标的素质教育改革，对以黑板、讲台为中心的教学形式予以否定，以启发学生自主学习为基础，以培养动手能力及小组讨论为主的学习方式开始实施，进而发展到取消以固定班级，年级为单位的施教体系，实现学习方式、学习组织灵活多样的新型教学体系。教学体制的转变对空间要求有所变化，其中开放、自由、灵活的教学空间的出现最具有代表性。在中小学，这种空间成为开放式空间（open space），其灵活多变的空间形式，满足新型教学方法的需要[2]。

1.3.3 欧美的经验

"二战"后，英国开始试验性的建造了一些开放式教学空间，到20世纪70年代已逐步走向成熟。教学小组式的集体教学法取代了年级中的小班教室。普通教学单元中需要一个更大、更开放、更灵活的教学空间以及附属房间（如教师办公、卫生间、储物间等）。这种学校中一般设有一个较大的空间，把各式电子教学设施集中起来，形成全校的教学情报资源中心，并与其他学校的同类中心相连接。这个空间通常布置在校园平面的中心部位，形成一个多功能、综合性的"学习中心"[3]。

英国的这种风潮也影响到欧洲其他国家及美国、加拿大。以美国为例，在20

---

① 林崇德.21世纪学生发展核心素养研究[M].北京：北京师范大学出版社，2016.
② 李玉泉.适应素质教育的城市小学校室内教学空间研究[D].西安：西安建筑科技大学，2007.
③ BRUBAKER C W.学校规划设计[M].邢雪莹，译.北京：中国电力出版社，2006：153.

世纪60年代，美国开始反思自己的初等教育，这也成为开展开放式教育、探索开放式学校建设的契机。此后美国大规模地实施教育体制改革，并彻底推行个性化教育。与此呼应，大量建设带有开放式、多功能灵活空间的新型校舍不断出现，中小学教学空间形式富有弹性且多样（图1-3-1）。

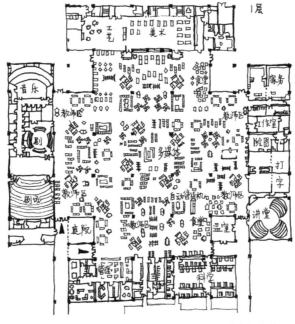

图1-3-1　美国的开放式学校——西雅图华利达高级中学
图片来源：作者根据网络图片改绘

在探索开放式教育初期，学校也走了一些弯路。例如在学校管理体制还不够完善的情况下，教室空内部空间过渡开放导致了教学方面的一些负面效应，如学生上课注意力不集中、学习小组之间相互干扰、自然采光通风差等等。于是，这种平面布局在20世纪70年代后期遭到批评，大多数这种学校被重建或改建，回到过去的独立教室，但开放式教育理念却继承和延续下来。

自20世纪80年代以来，重新建设的欧美开放式中小学校不再是像工厂一样的大空间，而是更重视人文环境的营造，提高各教室间的独立性，重视室内和室外的关系，对以往开放式格局的学校缺点作了相应的解决，而形成各种风格独特的开放式格局的学校，学校建筑设计也更加多元化。

随着教学空间从过度开放向相对开放转变以及学校管理体制等各方面的不断完善，开放式教学空间设计不断成熟，并且逐渐被人们接受，以致影响到其他发达国家的学校建设，其中受益最大的当属日本。

1.3.4 日本的启发

与英国、美国相比。日本新学校建设实践起步较晚，但它是在总结欧美经验，结合本国实际情况的基础上开始的，所以这种设计一开始就有一定的针对性。

日本不是由教育体制改革导致教学空间变化，而是由教学空间变化导致教育体制改革。当时，由一批研究欧美新型学校的建筑师带头，在行政当局以及校方的大力支持与配合下，兴建开放式学校建筑，再将欧美成功的开放式教学方法及经验介绍给校方加以实施，并逐步推广。

与欧美开放空间相比，日本的新型教学楼内部空间最大特点就是很大程度上保留了普通教室（基本教学单元）与长外廊相结合的原形，加宽外廊空间（活动空间），使之成为教学空间的一部分，这样可以灵活地展开多种形式的教学活动，并在通风、采光、节能等方面更有优势[①]（图1-3-2）。

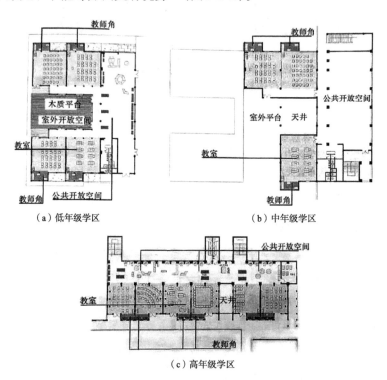

（a）低年级学区　　　　　（b）中年级学区

（c）高年级学区

图1-3-2 日本筑波市立东小年级学区平面示意

图片来源：长泽悟，中村勉．2004，经作者改绘

---

① 长泽悟，中村勉．国外建筑设计详图图集10：教育设施[M].北京：中国建筑工业出版社，2004.

1.3.5 走向新校园

从欧美和日本的经验来看，无论是欧美的教育改革推动学校设计实践前行，还是日本的学校设计的发展促进教育体系的改革，教育改革运动与学校设计实践通过并行发展，都逐步衍生出新的中小学设计发展方向，以此互为反馈形成教育改革与校园设计共进的良性循环[①]。

今天的中国，面向未来的素质教育改革正风起云涌，中小学校园设计也方兴未艾，但中小学校园设计改革相对于教育改革来说却呈现出落后的状态。学校建筑的类型本应该是最丰富的，可长期以来，中小学设计乃至整个投资建造体系，逐渐趋同于固定的范式化设计。范式化的校园设计脱离了"以人为本"的基本原则，也不适应未来教育的新需求，甚至已严重地阻碍了人才个性的发展[②]。

幸运的是，挑战往往伴随着机遇。新趋势下的中小学校园值得我们对其长远发展进行更深入的设计思考。我们呼唤以学生为中心的多样化校园设计理念；呼唤一套从功能到空间、从社区到建筑、从策划到运营、从使用到维护等多领域的新校园设计的新思路；呼唤从决策者、投资者、建设者到管理者和工作者的学校完整发展体系的建立[③]。我们需要在校园设计中进行不断的实践与改革，无论在校园设计的何种关注点上有所尝试与突破，都是在新校园设计探索道路上的极大进步（图1-3-3）。

图 1-3-3　新校园的探索——深圳福田石厦小学改扩建，2018

图片来源：王维仁建筑设计事务所

---

① 顾泠沅.教育改革的行动与诠释[M].北京：人民教育出版社，2003：158-159.

② 钟中，吴家杰.基于高密度城市的多功能复合型服务综合体建筑设计研究：以深圳为例[J].城市建筑，2021，18（07）：112-120.

③ 米祥友.新时代中小学建筑设计案例与评析（第一卷)[M].北京：中国建筑工业出版社，2018.

第2章

新校园六点

通过第1章对国内外教育建筑及中小学教育的历史、现状和发展趋势的分析，并结合近两年国内实际工程中涌现出来的大量新时代校园设计案例，本章创新性地提出"新校园六点"：即"校园综合体""迭代的教学空间""复合的公共空间""丰富的室外空间""向社区开放、融合"和"安全的绿色校园"，作为我国教育新趋势下未来中小学校园的普遍性设计策略。"新校园六点"的提法为本书首创，并以此向柯布西耶的划时代宣言《走向新建筑》致敬 ①。

2.1
校园综合体

"校园综合体"，有别于长期以来单一功能的校园建筑，它呈现出的是多种的建筑功能与空间拼接和叠加。随着教育内容的日趋复合化，无论是大都市的高层高密度校园，还是一般城镇的多层低密度校园，都有一部分功能向"校园综合体"的形式发展 ②。本节主要研究的是大都市中的高层高密度校园，对一般城镇的多层低密度校园发展的策略与实施办法，仅仅是初步研究，并未做充分和完全的探索。

2.1.1 城市中的人地矛盾

近年来，随着城市的高速发展，城镇化进程的深入，城市建设用地高度集约，城市空间密度日益加剧。同时在一系列政策刺激下，大城市中人口规模迅速膨胀，学位需求急剧扩增，而面向未来教育的多元化建筑功能需求，也催生了校园空间硬件指标的进一步提升。学校是一个人度过童年和青年时代的地方，校园的建筑设计和环境营造尤为重要 ③。

---

① 勒·柯布西耶.走向新建筑[M].杨至德，译.南京：江苏科学技术出版社，2014.
② 何健翔，蒋滢.走向新校园：高密度时代下的新校园建筑[R].深圳：深圳市规划和自然资源局，2019.
③ 米祥友.新时代中小学建筑设计案例与评析（第二卷）[M].北京：中国建筑工业出版社，2019.

在当前城市环境拥挤、学生数量激增的大背景下，如何缓解日趋严峻的城市用地和学位紧缺困境？如何适应城市土地、人口规模、教育理念的时代背景需求？如何利用有限的资源和环境，实现高效、合理的功能安排和空间组织设计？如何满足学生生理和心理健康的需要？挖掘新的设计思路和理念，提升我国中小学建筑的设计水平和质量，已成为教育界和广大建筑设计工作者关注的重点及焦点。

2.1.2 "上天入地"的对策

城市的土地资源越来越稀缺，新建中小学校容积率越来越高，而学校的日常使用、运营则需要更多的空间。此时，传统意义上把学校单纯地在水平面上平铺展开的方式已经不能满足需要，只能考虑向上空的延伸和向地下的发展，也就是所谓"上天入地"的解决方式。在"上天入地"的思路下，越来越多的新建中小学校成为一个个"校园综合体"。这种做法有两个好处：一个是有限的空间得到了效率的提升，为紧缺的学位需求和紧张的校园用地提供了最大化的办学规模和功能面积；另外一个是由于上下空间的存在，教学空间、公共空间、室外空间变得非常丰富，会产生很多意想不到的机会。

"上天入地"的垂直布局将建筑各个功能整合，通过立体叠加与复合形成"大底盘、多塔楼"的校园综合体。从地上到地下最大化利用垂直方向空间，功能高度集约化，资源利用率提高[1]。垂直布局具有以下特点：

（1）利用地下空间。对采光要求不高的大空间如游泳馆、体育馆、餐厅、图书馆、多功能厅等以及部分教学辅助用房，可设置于半地下或地下空间，通过垂直交通与地面教学空间联系，缓解水平服务流线过长的问题（图2-1-1）。

（2）利用架空空间。垂直布局的校园建筑密度较高，可通过创造多层次地面增加活动场地，例如建筑首层和局部二层架空，保留地面视线通达。创造台上台下活动空间，遮阳避雨，通风顺畅。除此之外，还可利用空中连廊、空中平台与屋顶种植园、屋顶运动场等引导类地面活动空间（图2-1-2、图2-1-3）。

（3）利用台上空间。有些学校引入了"摩天校舍"的概念，将教师宿舍、教师办公室、教学辅助用房等非教学空间叠加在教学空间之上，向高层发展。例如深圳

---

① 钟中，李嘉欣."用地集约型"中小学建筑设计研究——以深圳近三年中小学方案为例[J].住区，2019（6）：130-140.

图 2-1-1　深圳红岭实验小学，利用地下空间做校园小剧场

图片来源：作者拍摄

图 2-1-2　深圳前海三小，利用架空下沉庭院做地下交通疏导中心

图片来源：蔡瑞定提供

图 2-1-3　深圳红岭实验小学，利用第三层屋顶平面做运动场

图片来源：作者拍摄

市华中师范大学附属龙园学校，其校舍建筑高度达到53.9米，极大提高了学校容量[1]（图2-1-4）。

中关村三小上面是操场，下面是运动场，每一层都是叠错的，每一层都有种植的绿化，空间通过综合利用得到了更大的发挥。

北京三十五中地下是两个小的篮球馆，屋顶作为实验室和绿化的温室使用，操场下面设置了一个游泳馆，这些空间围绕着采光中庭，都有自然采光和通风。通过

---

[1] 筑龙学社.深圳华中师范大学附属龙园学校，筑博设计[EB/OL] [2018-12-21]. https://bbs.zhulong.com/101010_group_201806/detail38044192/?checkwx=1.

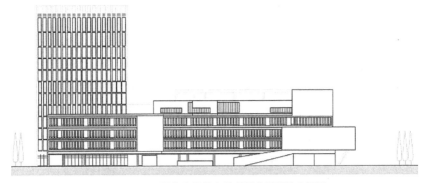

图 2-1-4　深圳华中师范大学附属龙园学校立面图

图片来源：筑龙学社

向下发展的方式解决了指标和土地的矛盾问题[1]。

　　然而，大量的学校功能用房"上天入地"，由此带来的规划问题和消防问题，已成为当前新校园设计中的重点和难点。比如：大量教学辅助用房和教学用房被设置在地下室，一些学校，地下室占比非常多，有的学校甚至把地下用到10米以下，是否可行？为解决大量教学功能设于地下带来的消防疏散问题，往往在地下各层设置多处下沉广场，但由于设置的位置以及上部的遮挡等不利因素，这些下沉广场与地下室窗井之间的区别和界限却不明确。下沉广场可视为室外安全区域，而地下室采光窗井却需要防火分隔，二者在消防疏散上待遇差别很大，该如何界定？这些新问题，还需要各地规划部门、消防部门、教育部门与设计单位协作解决。

2.1.3　高密度校园

　　多层高密度校园，是解决高容积率的首选方案。这既是现行中小学规范中对层数的限值要求，也符合孩子的生理及心理特点。高密度意味着建筑覆盖率的急剧增加，如深圳红岭实验小学，覆盖率达到68%；深圳新沙小学，覆盖率高达71%。但学校不应是"教育容器"，而应是教育理想的物质体现。越是高密度，越是不能把学校做成禁锢思想的"盒子"[2]。面对校园用地紧缺的难题，在高密度集约化设计模式下，如何营造符合现代教育理念的新校园空间？这既是当前校园设计师们面临的挑战，更是创造出新校园范式的机遇。

---

① 筑龙学社.北京三十五中高中新校园，中国建筑设计院有限公司[EB/OL] [2018-12-20]. https://bbs.zhulong.com/101010_group_201806/detail38025331/?from=singlemessage&checkwx=1.

② 周红玫.福田新校园行动计划：从红岭实验小学到"8+1建筑联展"[J].时代建筑，2020（2）：54-61.

如深圳红岭实验小学：

红岭实验小学给了一个高密度校园设计非常好的样板。红岭实验小学的建设用地约1万平方米，原规划24个班，后因学位缺口巨大而增容至36个班，现建筑面积约为原规划的两倍，建筑容积率超过3.0，这是传统校园规模的三到四倍，是规范的两倍。在激增的教育需求与稀缺的土地资源矛盾明显的今天，红岭实验小学的挑战显得意义非凡。一方面，高密度带来类型突破，使校园空间模式有脱胎换骨之感；另一方面，新校园减少退距，实现与周围城市社区互动共享，从而使得这种具有现代意识的社区共享型校园模式未来有机会在全社会倡导和推广。

校园利用了地块北高南低的条件，在校园"E"形平板上形成上下错动，营造了地景式的爬升；以"细胞单元"的概念设计可以自由开闭的教室空间，避免教室过长阻隔自然风，灵活的隔断方式回应了学校课程改革中混合式教学的需求；更有连接两侧庭院的阶梯式廊桥，给在校学生们带来独特景观和游戏体验（图2-1-5、图2-1-6）。

图 2-1-5　红岭实验小学——从入口处看庭院
大台阶，综合体的感受很强烈
图片来源：作者拍摄

图 2-1-6　红岭实验小学——俯瞰内庭院
图片来源：作者拍摄

小学校园是应该给孩子们留下深刻记忆的重要成长场所，在建造中能看到非常丰富的能够留在记忆中的场所构思是校园设计的重要考量因素。另外，设计师对校园思考的点除了抽象的概念，还有很多很丰富的想象，包括建构的语言、丰富的材料、细节的变化处理等（图 2-1-7）。

这种设计带来的好处是"上课形式变化无穷，孩子觉得好玩"，学校的设计回应了红岭集团办一所看得见"童年和未来"的"新"学校定位。红岭实验小学的定位有两点：一是因为这个学校是公立的，但并不是完全按旧的计划体制来管理的，而是采用的委托管理模式。二是这个学校是完全的新课程，教室里所有场景可能会和其他小学完全不一样，全部课程实行项目制、包班制，这是目前国际上非常先进的做法。学校的课程要求学校的每一个空间都是灵动的、都是能够体现课程的空间，建筑设计和学校的体制、课程高度融合，在设计师与校方的不断沟通当中推向最大化[①]。

图 2-1-7　红岭实验小学——流动交错的栏杆界面
图片来源：作者拍摄

又如深圳"福田新校园行动——8+1建筑联展"：

"福田新校园行动——8+1建筑联展"是针对深圳福田区8所中小学及1所幼儿园的校园空间和建筑进行设计，旨在针对深圳集约土地、高密度的城市状况，通过设计管理体制创新，邀请优秀建筑师与教育界和社会各界密切合作，积极探讨高密度时代新学校建筑类型的建构与空间创新。一个个创新的校园建筑新类型在真实需求的挤压下脱模成型，深圳中小学设计类型的丰富性得到了前所未有的释放[②]。

2.1.4 高层校园

在探索市区学校的新模式时，对高容积率条件的回应还有另一种可能，那就是高层校园。当用地紧张时，可将不同功能的楼栋叠加，形成综合高层建筑，常见的有将行政办公、教职工服务用房、宿舍等功能设置在高层部分。

---

① 光明城.新校园行动计划的先行者——红岭实验小学落成，源计划建筑设计事务所[EB/OL][2019-10-18]. https://mp.weixin.qq.com/s/oiMHytjdLsxdpMSVS58iRw.

② 朱涛.边界内突围：深圳"福田新校园行动计划——8+1建筑联展"的设计探索[J].时代建筑，2020（2）：45-53.

如深圳前海荟同国际学校，设计为八层的高层校舍，将教室、行政办公与教职工服务用房叠加成一栋高层综合楼，多项功能垂直复合（图2-1-8～图2-1-10）。又如深圳皇岗中学，设计采用了全空调系统，将初中与小学两部分垂直叠加在一栋高层校园中（图2-1-11）。

图 2-1-8　高技派的高层学校——深圳前海荟同国际学校外景（左上）
图 2-1-9、图 2-1-10　深圳前海荟同国际学校中庭景观（左下、右）
图片来源：李文海提供

图 2-1-11　采用全空调系统的深圳皇岗中学——高层学校
图片来源：支宇提供

由于现行中小学规范中对层数的限值要求，以及孩子的生理及心理特点，高层校园还处于实验阶段。对于高层校舍对学生心理的影响，目前所作的评估还不够全面。比如课间换课室时，学生上下楼如果得排队等电梯，会损失宝贵的授课时间。学校建成摩天楼是否可行，还需审慎考虑[①]。

还有一种"4+1"的设想：每4层设一个整层的架空休息层以供学生课间活动使用，"4+1"地向上叠加设计。这种设想是否合理可行？从更多可能性角度来讲，如果我们能对现有中小学规范中关于间距、层数等限制条件有所突破，将会有更丰富的校园样式出现（图2-1-12、图2-1-13）。

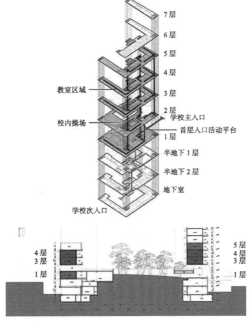

图 2-1-12　深圳福田人民小学设计为高层小学，利用地形高差，将跑道架空布置在第3层平面中

图片来源：https://mp.weixin.qq.com/s/t_P-ghT6Jy7M-LqbCoy-3w

图 2-1-13　深圳福田人民小学利用第3层中间庭院，在满足安全疏散要求后作为消防疏散平台。经论证，增加消防疏散平台后，第3～6层可作为小学主要教学用房使用

图片来源：https://mp.weixin.qq.com/s/t_P-ghT6Jy7M-LqbCoy-3w

① 罗伯特·鲍威尔.学校建筑——新时代校园[M].翁鸿珍，译.天津：天津大学出版社，2002.

2.1.5 城市的另一种方向

高层和高密度是大都市建设的策略。事实上，正如柯布西耶在"光辉城市"中所描述的那样，当今中国大部分城市也都是朝着住摩天大楼的人口高密度建设方向前进。然而，随着信息化技术和物联网的高速发展，未来城市的发展也会出现多样性的特点，未来城市有可能面向个体，不再集聚，甚至去工业化（产业化），城市会趋向两极化发展。除了高密度大都市型外，霍华德在"田园城市"中的描述会成为现实，人居环境趋于自然将是另一种方向。

2.1.6 低密度校园

有别于深圳等高层高密度的城市，田园城市里的校园呈现出低密度的特点。低密度校园强调贴近自然，生态环保。

如浙江千岛湖建兰中学。学校的外形独特，有波浪曲线，和千岛湖分外融合。教学楼高低错落有致，其间充满匠心独具的变化。不同于传统平整的楼顶，这儿的许多屋顶都自然带着起伏，像微风吹过的湖面。教学楼同时借鉴了一些徽式建筑风格，白色的墙体配以乌青的房顶，像一幅美丽的江南图景。现代的建筑风格与传统的建筑元素和谐交融，让人眼前一亮[1]。

如山西兴县120师学校。山西兴县县城稀缺的不是学位，而是教师和生源，政府需要把生源整合到一个大的学校里面，让他们接受到更好的教育。学校用地宽松，容积率不高，是典型的低密度校园。

120师学校在设计时希望学校有山峦起伏的感觉，有在地性，跟学校周围起伏不定的地理环境形成呼应（山西典型地貌）（见图2-1-14）。斜屋顶借鉴了窑洞的智慧，让学生能方便使用下一层的屋面作为户外活动平台，青砖复合墙体则向当地传统民居致敬。校园中用了青砖、大台阶，这种尺度空间带有指向性的。但是在室内，则尽可能设计得轻松一点，用活泼的色彩点缀，也采用了一些温暖的木台阶[2]（图2-1-15）。

如广东省河源市特殊教育学校。小尺度的体量，错落的布局与周边村落空间遥相呼应（图2-1-16）。学校成为村落的延续，村落空间到校园空间形成自然过渡，

---

① 吴奋奋.学校建筑设计和室内设计的教育专业性[R].北京：中外友联建筑文化交流中心等，2015.

② 吴林寿.通性及差异性：两所学校分析[R].深圳：深圳市规划和自然资源局，2020.

增强学生对校园空间的认同感与归属感①。

图 2-1-14　山西兴县 120 师学校的屋顶，
与大山相互呼应
图片来源：吴林寿提供

图 2-1-15　山西兴县 120 师学校的室内木台阶
图片来源：吴林寿提供

图 2-1-16　广东省河源市特殊教育学校，学校成为
村落的延续
图片来源：苏笑悦提供

2.2

迭代的教学空间

　　作为学校最基本教与学的承载空间，教学空间始终是校园建筑中最核心的功能空间。一个学校教学质量的好坏，往往可以从普通教室建设和使用管理的情况进行初步判断。教室不仅仅是学习场所，同时也是师生多样化行为活动的载体，是个人学习空间和公共学习环境的有机统一。

---

① 陶郅，苏笑悦，邓寿朋.让特殊变得特别：特殊教育学校设计中的人文关怀——广东省河源市
　特殊教育学校设计[J].建筑学报，2019（1）：93-94.

2.2.1 "为黑板而建"的"1.0教室"

第一代学校的细胞是普通教室，普通教室只有主墙（又称A墙，顺时针依次分别为B墙、C墙、D墙）具备课堂教学的信息展示功能，以黑板、挂图、教具等作为基本工具。1.0版本的普通教室空间单调，主要特征有：教室都是单一长方形，缺少空间层次；教室面积小，活动空间不足，显得拥挤；教室的采光、隔热、防噪声等不尽理想；教学设施简易，不易发挥教学功能；教室布局基本相同，"讲台在前方，学生排排坐"，缺乏灵活布局的可能性；缺少展示、储藏空间或私人空间（图2-2-1）。

图2-2-1　1.0版教室示意——为黑板而建

图片来源：作者拍摄

2.2.2 "为屏幕而建"的"2.0教室"

"为屏幕而建"的第二代学校是没有普通教室的学校，所有的教室都是标准教室。标准教室的A墙、B墙、C墙、D墙都具备课堂教学的信息展示功能，且以图像、多媒体为基本工具（图2-2-2）。如杭州市时代小学天都城校区就是"为屏幕而建"的第二代学校（2.0学校）。走进天都城校区的教学楼，这里都是标准教室。教室的白板四周环绕着软木板，学生习作、公告栏等板块，错落有致。靠近窗棱的一侧悬置着一个三层的植物角，靠右的角落则摆放了一些图书。这样的教室设计使知识的积累和生活的情趣完美交融在了一起。讲台不再严肃地伫立在教室中央，而是栖于靠窗一侧，流线型的形状也少了些压迫之感。

图 2-2-2　2.0 版教室示意——为屏幕而建

图片来源：作者拍摄

　　教室右边的墙上半部被设计成了学习成果展示区，软木板上，学生们用花蔓勾勒出"英语角"和"数学乐园"。墙下半部是个平台，有水池和放物品的"开放格子"。在师资、生源、课程相同的条件下，教室墙面的知识信息展示能力，在很大程度上决定学生的课堂学习效率和质量。标准教室还配备有操作台，安装了水龙头，水被引进教室。把水引入教室是教学上的一场革命，有了水和操作台，在标准教室可以上美术课、科学课，让学生动手操作[①]。

　　再如上海师范大学附属实验小学嘉善校区室内改造设计。设计团队没有将各个教室"装饰"为所谓的特色教室，而是强调了高度的"通用性"和"灵活性"。例如，通过下拉电源和水池沿教室周边设置，使教师和学生可以按照自己的喜好布置活动台面，甚至课程之间互换教室。STEAM空间将干湿作业分区，使科学、技术、工程、艺术、数学等学科交叉课程的多样化安排成为可能。剧场、表演艺术教室、体育馆和游泳馆的设计也都尽可能强调多功能性，为一个新建学校提供了更为广阔的发展空间（图2-2-3、图2-2-4）。

　　值得注意的是，在此阶段的教室设计中，有的习惯性设计存在误区。比如，为了保证采光，教室窗地比不能小于1:6[②]。在黑板、挂图、教具等作为基本工具的时代，教室设计追求充足、均匀的自然采光无可非议。但在屏幕（包括电子白板）作

---

① 吴奋奋.学校建筑设计和室内设计的教育专业性[R].北京：中外友联建筑文化交流中心等，2015.

② 张宗尧，闵玉林.中小学建筑设计[M].北京：中国建筑工业出版社，1987.

图 2-2-3　上海师范大学附属实验小学嘉善校区室内改造：STEAM 教室

图片来源：https://mp.weixin.qq.com/s/4hPZyQN_MD7kcNGMnc_mog

图 2-2-4　上海师范大学附属实验小学嘉善校区室内改造：表演艺术教室

图片来源：https://mp.weixin.qq.com/s/4hPZyQN_MD7kcNGMnc_mog

为基本工具的时代，教室设计就不能再像过去那样追求采光了，而要追求光环境控制。因为师生从屏幕上接受图像信息的多少，与屏幕周边的暗环境呈线性对应关系。也就是说，此时，屏幕周边的采光越充足，师生从屏幕上接受的图像信息越少。如果审视那些基于旧有规范的固定思维，其实有一些并不那么合理，在学校的设计中，应灵活运用并加以反思。

2.2.3 "全学科"的"3.0教室"

2.0学校方兴未艾，3.0学校即将到来。3.0学校，由于并存几个发展方向，世界各国尚在探索之中。如北京亦庄实验中学的"全学科教室"、美国加利福尼亚州新技术高中的"智能教室"、美国伊利诺伊州Antioch社区高级中学的"集成教室"

等。可以充分满足选课走班需要的全学科教室，是主流发展方向之一①。

北京亦庄实验中学的创新多样的学科教室，让学生走到学习的中心。北京十一学校首创的学科功能教室，在北京亦庄实验中学的创建中得到了极好地呈现（图2-2-5）。学科教室集实验操作、图书阅览、电子查阅、学习交流于一体，为学生多样化的学习需求提供最大的便利，让学生走到学习的中心。学科教室也是教师的办公室，为学生的自主研修、问题答疑、学术交流提供便捷、专业的支持。学科教室的建设，是资源和学生的零距离对接，课堂效率和学习环境都有了很大的改变。校园实现了无线网络覆盖，移动终端进入课堂成为学习与交流的必备手段，线上线下资源重组、课上课下自然转换，每一个教室都是链接世界的信息汇集点②。

图 2-2-5　3.0 版教室示意：北京亦庄实验中学"全学科教室"
图片来源：http://www.bjeaedu.com/general/detail/2088.html?from=
singlemessage

除了"全学科教室"外，提倡混龄教育的"校中校"也是另一种发展方向，如中关村三小的"学校3.0"的理念③。该理念中有一些分支的理念，"学校中的学校"，类似混龄教育的模式，到处都是学校④（图2-2-6～图2-2-8）。所有的共享空间都变成了教学的一部分，不仅仅是大厅，而且操场、剧场都是学校的一部分，包括所有为学生准备的一些小环境空间，还有"作为教师的建筑"的理念。有很多的地方是

---

① 刘可钦.中关村三小：3.0版本的新学校[J].人民教育，2015（11）：46-49.

② 北京亦庄实验中学.北京亦庄实验中学：一所令人向往的学校[EB/OL] [2022-05-24]. http://
www.bjeaedu.com/general/detail/2088.html?from=singlemessage.

③ 刘可钦.当建筑与课程融合：一所"3.0学校"的探路性设计[J].中小学管理，2016（9）：35-38.

④ 爱莉诺·柯蒂斯.学校建筑[M].卢韵伟，赵欣，译.大连：大连理工大学出版社，2005.

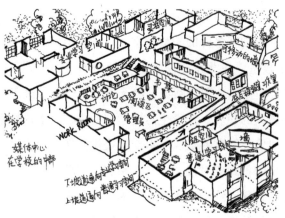

图 2-2-6　校中校示意图
（爱莉诺·柯蒂斯，2005）

图片来源：作者改绘

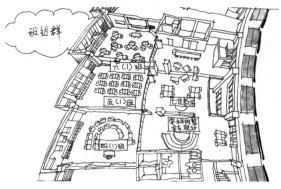

图 2-2-7　中关村三小，
3.0 学校示意图——混龄
教育方向

图片来源：作者根据网络图片改绘

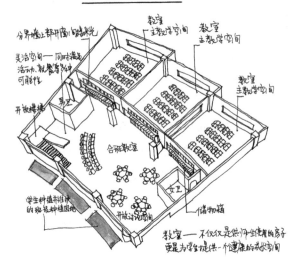

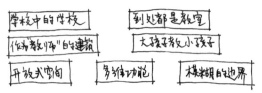

图 2-2-8　中关村三小，
3.0 学校示意图——混龄
教育方向

图片来源：作者根据网络图片改绘

没有装修的，露出来设备管线，把建筑作为教学的一部分。大孩子教小孩子，这是跟他的课程有关系，如三年级、二年级、一年级混龄教育，四年级和五年级、六年级混龄教育。这种混合式的，开放式的空间在这个学校里很多，教室的边界很模糊，更多的是作为组群式的融合式的教育环境。

2.2.4 班级面积和班级规模

面积指标和班级规模是教室空间设计的重要组成要素。在我国，普遍存在面积指标过小和班级规模过大的情况。

总的来看，中小学教室面积并不小，但是由于学生人数多，人均教室面积十分紧张，而且随着教学模式的改革，原来的面积标准受到质疑。根据西安建筑科技大学教育研究小组周崐博士、李曙婷博士的研究，在素质教育开展过程中，小班化的呼声已经很高。在他们的问卷调查中发现，75%的教师认为班级人数控制在20~30人最合适，86%的教师都认为班级人数超过40人不利于教学。但现实的情况是，许多中小学班级规模居高不下，甚至有些学校每班高达65人以上，严重影响教学质量。而在北京、上海、深圳和江浙地区的中小学中，开始呈现出班级规模明显缩小的趋势，有的学校已经达到25~30人的规模，实行小班化教育（图2-2-9、图2-2-10）。各地班级规模和面积指标的差距不仅反映了教育模式的不同，也反映了教育资源占有量的不同。

图 2-2-9　教师"跟班制"的探索——深圳和平小学改造前
把教师办公设计成开放空间，放在教学单元的核心位置，让老师从监控者变为监控对象，教师与学生共同学习，共同自律
图片来源：李文海提供

图 2-2-10 教师"跟班制"的探索——深圳和平小学改造后

图片来源：李文海提供

2.2.5 灵活的"学区"和"教学单元"

随着教育的发展，教学模式经历了从简单到复杂、从单一到多元化综合化的发展过程。目前的教学组织形式有班级教学、分组教学、小队教学、个别教学等多种模式，所对应的空间要求也各不相同（见图2-2-11～图2-2-15）。在教学模式多样化的要求下，教学空间突破单一功能的教室概念，不再是长外廊串联固定普通教室的呆板空间模式，而是由分组教学、协同教学所要求的具有开放、灵活、多功能性的"学区"模式[1]。

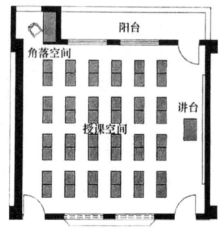

图 2-2-11 班级教学——编班授课制

图片来源：邱茂林，黄建兴. 小学、设计、教育 [M]. 台北：田园城市文化事业有限公司，2004

---

① 汤志民.教室情境对学生行为的影响[J].教育研究，1992，（23）：44.

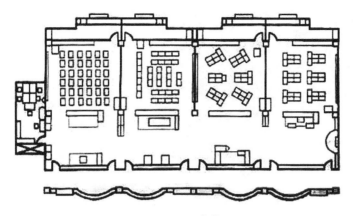

图 2-2-12　分组教学一

图片来源：邱茂林，黄建兴 . 小学、设计、教育 [M]. 台北：田园城市文化事业有限公司，2004

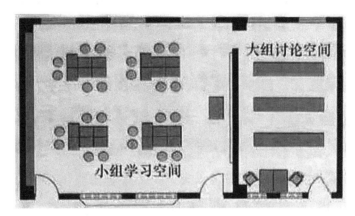

图 2-2-13　分组教学二

图片来源：邱茂林，黄建兴 . 小学、设计、教育 [M]. 台北：田园城市文化事业有限公司，2004

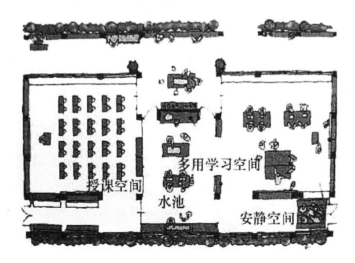

图 2-2-14　小队教学 / 协同教学

图片来源：邱茂林，黄建兴 . 小学、设计、教育 [M]. 台北：田园城市文化事业有限公司，2004

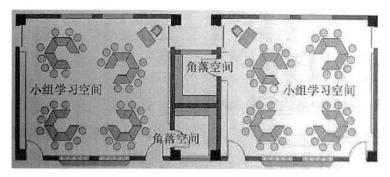

图 2-2-15　个别教学

图片来源：邱茂林，黄建兴. 小学、设计、教育[M]. 台北：田园城市文化事业有限公司，2004

　　各个教学区均包括相应的特定目的性教室和它们对应的多目的性开放空间。特定目的性教室为一定的学习目的而设，目的不同，教室空间也不同。如化学实验室等多设备的空间和音乐舞蹈教室等有隔声要求的空间以封闭空间为主，而普通教室、少仪器设备的实验教室、工作教室、视觉艺术教室等主要采用半封闭、半开放空间。所有这些特定目的性教室都不再是原来单一的教室空间，而是由不同规模的空间组成的复合型空间——学习用的凹室、学习角、大小不同的学习空间。无论是自学还是分组讨论，都可以找到合适的场所。

　　多目的性开放空间，也叫作"非正式学习空间"。这些开放空间没有固定的形式和学习目的，供学生进行个别工作、研究、交流、游戏、休息、作品展示或者资料查询等。正是有了这样的空间，使得各个教学空间有别于传统教学空间，具有灵活的布置和使用方式。特定目的性教室和多目的性开放空间组成教学单元。以多班（2个班以上）共为一组群，同时在班级组群旁增设多目的性开放空间而形成"教学单元"。"教学单元"能增强学生活动力和创造力，促进学生人际关系的互动，也能增加教师间的协同合作（图2-2-16）。

　　如深圳红岭实验小学，成对的鼓形学习单元为互动式混合式教学提供多种可能性[1]。

　　再如上海师范大学附属实验小学嘉善校区室内改造设计。设计师摒弃了原建筑"楼道+教室"的格局，将走廊的墙体全部改为通透的玻璃隔段，将一个教室改为半开放的研讨空间，用"年级图书馆"的双层小中庭将上下两层的8个班连通，并

——————

[1] 何健翔，蒋滢. 走向新校园：高密度时代下的新校园建筑[R]. 深圳：深圳市规划和自然资源局，2019.

将艺术和科学类教室引入到每一个年级（图2-2-17）。这些措施消除了狭长的楼道，令公共空间充满阳光，处处成为可以学习的场所，从而增强了学生和各学科老师共同研习的兴趣，形成有归属感的"学习社区"[1]。

图 2-2-16　红岭实验小学——鼓形学习单元

图片来源：Archdaily

图 2-2-17　上海师范大学附属实验小学嘉善校区——年级图书馆

图片来源：https://mp.weixin.qq.com/s/4hPZyQN_MD7kcNGMnc_mog

---

① 灵犀CONSONANCE.上海师范大学附属实验小学嘉善校区室内设计，和立实践建筑设计[EB/OL][2020-01-22].https://mp.weixin.qq.com/s/4hPZyQN_MD7kcNGMnc_mog.

2.2.6 从图书馆到"资源中心"

资源中心是由中小学校图书馆发展而来的。在编班授课制教育模式中，主要以教师讲授为主，图书馆的作用和利用率很低。而在素质教育的大环境下，学生成为学习的主体，自主探究成为重要的学习手段，学校图书馆不再是仅满足课外阅读的无足轻重的空间。此外，信息技术的传播也引发了传统借阅形式的变化，计算机设置的数目剧增，室内面积增大，设备不断更新，图书馆成为学校内学习场所的中心，也成为学校布局的中心。资源中心可以分为两个层次，既有集中的资源中心，也有分散在各年级的教学空间里的资源型空间。资源中心具有功能多样化、空间多样化、信息化和开放化的特点。

如成都金沙小学改造——每一层楼都是"图书馆"。

金沙小学把所有图书开放式的"分享"出来，让孩子一走进学校就走进了图书馆。因为设计师认为，图书不应该在图书室放旧、放坏，而是应该让孩子们看旧、看坏。这样他们会真正分享到资源。同时也让孩子们养成了良好习惯，孩子们都知道，在哪里拿书，在哪里还书，如果是要带走，就把印有自己的名字和照片的校牌放在所借书的位置。当然，如果有同学发现不适合小朋友看的书，还可以给学校提建议。有人担心，这样开放式的图书馆会无法管理，但在实际运行中，从来没有因为偷窃损失过一本书。

再如围绕"资源中心"布局——深圳龙华三智学校[①]（图2-2-18～图2-2-20）。

图 2-2-18　深圳龙华三智学校——多层平台（一）
图片来源：谷德设计网

① gooood.龙华三智学校，深圳/坊城设计，林中学堂[EB/OL].https://www.gooood.cn/longhua-sanzhi-bilingual-school-china-by-fcha.htm，2018-09-26.

图 2-2-19　深圳龙华三智学校——多层平台（二）

图片来源：谷德设计网

求学之路｜上下学的趣味探索

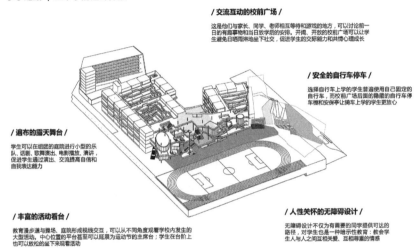

/ 交流互动的校前广场 /

这是他们与家长、同学、老师相互等待和游戏的地方，可以讨论前一日的有趣事物和当日放学后的安排。开阔、开放的校前广场可以让学生避免日晒雨淋地坐下社交，促进学生的交际能力和共情心理成长

/ 安全的自行车停车 /

选择自行车上学的学生普遍使用自己固定的自行车，而校前广场后面的隐藏的自行车停车棚和安保亭让骑车上学的更让人放心

/ 遍布的露天舞台 /

学生可以在组团的庭院进行小型的乐队、话剧、歌舞演出、电影播放、演讲，促进学生通过演出、交流提高自信和自我表达能力

/ 丰富的活动看台 /

教育漫步道与操场、庭院形成视线交互，可以从不同角度观看学校内发生的大型活动。中心位置的平台甚至可以延展为运动节的主席台；学生在台阶上也可以放松的坐下来观看活动

/ 人性关怀的无障碍设计 /

无障碍设计不仅为有需要的同学提供可达的路径，对学生也是一种暗示性教育：教会学生人与人之间互相关爱、互相尊重的情感

图 2-2-20　深圳龙华三智学校"资源中心"布局分析图

位于小学初中之间的共享轴线上布置了最适合共享使用的资源中心：图书馆、剧场报告厅、泳池和教师办公区，既方便小学和初中的共享使用，也方便学校管理。

图片来源：https://www.gooood.cn/longhua-sanzhi-bilingual-school-china-by-fcha.htm

2.2.7 教学空间的组合形式

教学空间的组合形式主要指室内教学空间的组合，室内教学空间分为普通教学区、专业教学区和资源中心。普通教学区包括特定目的性教学空间、多目的性教学空间、生活辅助空间。公共、专业教学区包括艺术中心、体育活动中心、实验区、多媒体教室、礼堂等。资源中心由图书馆演变而来。普通教学区，公共、专业教学区和资源中心共同构成学校室内教学空间的整体[①]。

---

① 李曙婷.适应素质教育的小学校建筑空间及环境模式研究[D].西安.西安建筑科技大学，2008.

教学空间设计要综合考虑技术的最新发展和多形态个性化教学形式的需要，同时更要考虑不同的教学方式对学习空间的不同要求。对于不同年龄阶段学生的教室，其设计思路也应有所区别。从小学低年级学段的教室的复合化全科教学单元的设计，到中学阶段伴随着走班制教学、分层教学模式的推广实施，从传统教学区域单一形式的普通教室线性排布，向以学科中心教学单元、族群教学空间、灵活可变空间等多种模式的探索，也成为近年来新校园设计中思考的热点课题之一。从学校整体布局来说，各教学区之间的结构布局分为资源中心居中式、资源中心尽端式、分枝式、庭院式等。从各教学区内部来说，有线性的结构布局、簇式的结构布局。

2.3
复合的公共空间

"公共空间多元复合"是对强调多元化的现代教学活动最有力的支持。通过创造多维度、多样化的学习环境，校内正式与非正式的、大型或小型的、专门化或普通的校园空间环境都可作为教育获取的多元途径。走廊等交通空间、公共交流空间、户外活动空间等领域复合之后，可满足个人、小组、群体多种教学的功能[①]。

2.3.1 让偶遇不经意发生的空间

"设计，让偶遇在校园发生。"学校建筑不仅仅是教学的空间，还应让其成为知识展示、信息传递、感情交流的场所。教学楼要有"交流厅"这样一个空间，有师生交流区，师生才会停下来，才会相互交流、熟悉，形成一种和谐的氛围。回想少年时光，多少人记忆当中最难忘的经历、最精彩的瞬间、最知心的对话，都发生在校园里的某个角落。

如新疆克拉玛依第一中学，学校走廊每一层都有个舒适的交流区。进入交流区，敞亮的空间，明亮的窗户，窗外的美景，让人不自觉想吐露心扉。三张柔软的红色大沙发靠窗形成大半个回字形，营造出暖洋洋的温馨氛围。房间的另一侧还摆放了一张木质小桌，桌上的几朵花兀自笑得灿烂。一侧的墙面被设计成书架，周围

① 李曙婷.适应素质教育的小学校建筑空间及环境模式研究[D].西安.西安建筑科技大学，2008.

还有四台电脑。头顶几个射灯，投下柔和的光。交谈区仿佛一个欧式风格的咖啡馆，师生交流变得像是与友人交谈，少了局促紧张，多了份舒适自在[1]。

2.3.2 非正式学习空间

美国劳动力统计局（BLS）早在20年前的报告中就指出，人们学到的关于他们工作的知识中，有70%是通过非正式学习获得的。当代科学研究证实，非正式学习对于孩子们主动与自我导向的真实性学习、浸润性学习等，具有重要的价值与意义。

所谓的"非正式学习空间"，是指满足学习者依据自我需求和学态，可开展自主探索、沉浸式学习的场所空间，其学习具有成员开放、时间灵活、内容自主、方式自由、过程非结构化等特点。具体说来，包括以下四个特点：一是人际组织形态更为灵活，可能是独自、两人、小组或大组进行的学习，其人数规模更取决于学习者自我导向的学习任务与模式选择；二是时间的灵活性；三是学习更有自组织性；四是学习媒介更丰富，如图片、视频、情景体验等[2]。

校园中的空间，例如门厅、走廊、运动场、图书馆、宿舍、食堂、咖啡吧、树林、草地等，都可以成为重要的非正式学习空间，其空间形态可以是开放、半开放或相对封闭的。非正式学习的校园空间将"做中学""玩中学""游中学"融入创建不同于传统教室的空间环境中，主要为学生提供快乐学习的优质环境，需要革新对校园空间的传统认知。以往对校园的门厅、走廊、架空层等空间，我们更多视其为交通空间、活动空间。实际上这类空间还具有重要的非正式学习空间功能。需要特别关注的是，未来校园需要大力加强户外非正式学习空间的开发与设计，户外建设不仅仅是地面的硬化铺装与绿化景观设计，而是创新建构户外学习资源与户外学习区。

如张家港市实验小学的"非正式学习空间"。公共教学部分及公共空间作为基础教学的补充，更容易成为"非正式学习空间"的创新点。以公共交通为例，它是师生们重要的小范围交流、跨班级交往以及书香校园与信息分享空间，也是师生校园文化的重要展示空间（图2-3-1、图2-3-2）。

---

① 吴奋奋.学校建筑设计：从教育开始[EB/OL] [2018-10-19]. https://m.sohu.com/a/270034595_100285737/?pvid=000115_3w_a&qq-pf-to=pcqq.group.

② 朱燕芬.非正式学习空间：发现最美的生长[J].江苏教育，2020（10）：44-45.

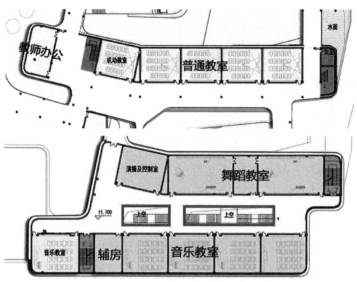

图 2-3-1 张家港市实验小学——富有变化的走廊空间，作为课间休憩场所

图片来源：https://mp.weixin.qq.com/s/KFkOrhlAodD7KwgIYS-x_g

图 2-3-2 张家港市实验小学——专用教学楼的内廊挑空，为空间增加更多互动

图片来源：https://mp.weixin.qq.com/s/KFkOrhlAodD7KwgIYS-x_g

如俄勒冈州立大学新教学楼中的学习创新中心。俄勒冈州立大学的12万平方英尺的中央教学楼，在参与式设计阶段邀请相关部门进行研讨。设计宗旨在于设计出能够支持各种规模的主动式学习模式，其中包括多个模式空间，提供圆形布局的大课教学；总共可以容纳约2200个教室座位，以及600个散落各处的非正式学习座位。关键的设计要素之一是将教学空间设在中央，周边交通区域设计成"能够占用的立面"——一道凹凸的外墙，非正式学习空间就在高流量区域的一侧（图2-3-3）。

图 2-3-3　俄勒冈州立大学新教学楼——"能够占用的立面"

图片来源：Archdaily

2.3.3 复合的廊空间

复合的廊空间是师生们重要的小范围交流、跨班级交往以及书香校园与信息分享空间，也是学校校园文化的重要展示空间。因此，走廊在非正式学习空间的意义上，绝非是一条笔直廊道的交通空间。在满足消防疏散人流宽度底线的基础上，通过宽窄不一的形态设计，走廊可以成为重要的"学习港湾"，让非教学时间段的学习更为自然、开放、灵动地发生。理想的走廊应该是"人流加信息流"，这样不仅可以供学生穿行，还可以为他们带来各种各样的新信息。这些信息由学生自行提供，不受老师限制，随时会刷新。在这样潜在的交流过程中，学生能获得更多的信息[①]（图2-3-4、图2-3-5）。

图 2-3-4　深圳和平小学改造（一）

每层楼的学习枢纽，既是老师的办公场所，也给孩子提供了课间的活动空间，让老师和学生的交互更深入

图片来源：https://mp.weixin.qq.com/s/CjLyt4msaETvBWUPuTwhYQ

图 2-3-5　深圳和平小学改造（二）

走廊的开放空间，是孩子们自主学习的空间

图片来源：https://mp.weixin.qq.com/s/CjLyt4msaETvBWUPuTwhYQ

---

① 龙华教育.龙华区和平实验小学：建一所绽放生命色彩的未来学校[EB/OL] [2020-05-18]. https://mp.weixin.qq.com/s/CjLyt4msaETvBWUPuTwhYQ.

如杭州市学军小学新校区。教学楼的走廊上，每几间教室外就有一个大约40～60平方米的港湾式空间，这比单纯的宽走廊要有效得多。学军小学校长汪培新对这个设计很满意："由于时间有限，学生一般课间不可能跑很远到操场或草地上去活动，只能待在教室。但是有了这个交流厅，学生走出教室就可以三三两两聚到一起，自由活动或者交流"。

再如深圳盐田海心学校。盐田海心学校是一个36班小学+12班幼儿园组成的统一开发项目。在海心小学的设计中，设计师采用了"教室＋非正式活动空间＋交通"的复合使用方式，将走廊提升为可以附加灵活教学活动的多功能空间。走廊整体利用退台，形成从低年级宽走廊到高年级窄走廊向上过渡，以满足不同年级的活动需求；同时庭院采用单廊围合内庭院形式，使学生能够环绕地跑起来，以释放学生的课间活力（图2-3-6）。

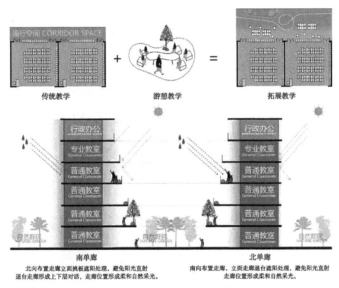

图2-3-6 盐田海心学校——走廊模式分析图

图片来源：坊城设计陈泽涛提供

当然，这种廊空间设计在实际工程中，也存在一定缺陷：如有些学校的廊空间，在相应的交往空间设计中由于缺少一定的构筑物的围合，缺少空间构件来遮挡视线，缺少一定的私密性，导致廊的交往功能没有发挥正常作用反而被闲置。

2.3.4 复合的梯空间

梯下空间也可以复合丰富多彩的功能。楼梯的上半部是走廊空间向垂直方向的延伸，下半部空间可以作为空间节点或学生的休息场所，而楼梯与走廊的结合部位，因为有维护结构，可以成为学生喜爱的活动场所。复合交通的设计关键是交通空间能激发人的活动。活动的产生有两方面的因素：其一，空间尺度能满足人们开展活动的要求，空间能容纳较多的人。有人使用空间，自然就会产生活动，有活动发生，必然会吸引其他人的关注与参与。其二，空间具有鼓励人们在其中停留更长时间的特征[1]。

如杭州绿城小学，在廊与梯空间的交接处，放大的空间使人觉得空间过渡自然、顺畅。在设计梯下空间时，专门在梯空间下部加装了角窗，增加了梯空间的明亮程度，并设置了相应的阅览柜与小型桌椅，满足学生停留、交往等需求。还有一些小型演讲台，距地面高度0.3米，也成为学生喜欢的地点。小家具结合柱子设计，并在柱子上做了相应装饰，更增添了整个梯空间的趣味性。

再如挪威尼克罗恩堡学校。在尼克罗恩堡学校建筑中，多种开放功能被复合到交通空间的楼梯上。楼梯平台被放大，它不仅只是连接台阶的休息平台，而且还是一个在空间尺度上能满足某种活动需求的场所。扩大的台阶可作为观众席，师生可在此休息，还可在此欣赏空间中不断上演的孩子们的丰富的行为活动。

又如深圳红岭中学初中部改造设计。在保留原有植被的前提下，利用梯下空间，与交通连廊相结合设置了一个小盒子——自由的空中教室。空中教室是一种在自然中学习的新空间，多个空中教室在不同高度上互相连接，形成一条通往屋顶花园的路径。现在初中生和老师的压力都不小，小盒子可以给学生或老师提供更加轻松、自由的交流空间（图2-3-7）。

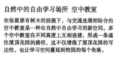

图2-3-7 深圳红岭初中改造——利用梯下空间作为"空中教室"

图片来源：土木石建筑设计事务所邓文华提供

---

[1] 李曙婷.适应素质教育的小学校建筑空间及环境模式研究[D].西安.西安建筑科技大学，2008.

2.3.5 复合的中庭空间

利用中庭复合多种形式的学习空间、交通空间、交流空间以及体育运动空间。把非正式的学校功能"碎化"成各种形式的学习单元并复合到中庭，或者将便于公共交流的复合楼梯、会议讨论室、多种隔断形式的小组研究室、普通的长桌学习空间等共同组成复合型共享空间，使中庭空间成为一个形式和内容都十分丰富且开放的迷人环境。

如丹麦技术大学生命科学与生物工程学院。该建筑设计把学习、交往功能与中庭空间叠加、复合，根据不同功能对空间围合程度的需求，对界面形式加以变化，有玻璃墙面，还有部分实体墙面，既丰富了中庭的视觉效果，又强调了中庭的核心作用。中庭屋顶的设计则延续了室内设计风格，形成空间延伸感，增强了空间的整体感。

再如比利时特殊教育小学。中庭与体育馆兼用，体育馆设于建筑的内部，与中庭合而为一。教学用房围绕体育馆呈环形布置，二者通过折叠的隔墙进行功能的区分。体育馆在使用期间，可折叠的墙体便被展开，围合成一个独立空间；当体育馆空闲时，折叠式隔墙便被收起，形成一个运动大厅，即整个建筑的公共活动中心。

还如上海师范大学附属实验小学嘉善校区中庭改造设计。原建筑中庭尺度巨大，与主要教室在物理空间上相对隔绝，且无教学功能。在改造设计中引入各层错落的多边形折曲线，软化空间边界，令中庭空间犹如"绽放"的花朵。中庭设置成为开放的图书馆，连接了戏剧教室，配以舞台灯光和音响，形成了融读书、表演、展览为一体的开放课堂。这些措施源于这样的设计理念：即教育空间应当脱离简单的造型，而是植根于日常的教学活动[①]（图2-3-8）。

2.3.6 复合的门厅空间

复合的门厅空间除了解决基本的人流交通问题以外，还可以扩展一些其他功能，如交流、相遇、接待、休息等（图2-3-9）。如在麻省理工学院媒体实验室大楼里，门厅的功能被扩展，预留的空间可以办画展或举办学院的其他临时性展览活

---

① 灵犀 CONSONANCE.上海师范大学附属实验小学嘉善校区室内设计，和立实践建筑设计[EB/OL] [2020-01-22]. https://mp.weixin.qq.com/s/4hPZyQN_MD7kcNGMnc_mog.

图 2-3-8　上海师范大学附属实验小学嘉善校区改造设计——集表演、展陈、集会、学习功能为一体的中庭

图片来源：https://mp.weixin.qq.com/s/4hPZyQN_MD7kcNGMnc_mog

图 2-3-9　复合的门厅空间

图片来源：米祥友.新时代中小学建筑设计案例与评析代第二卷

动。再如在杭州市时代小学天都城校区里，进入门厅，在恒温的大厅里踱步，你可能看到了新近张贴的学校诗社招募新会员的告示，于是你在布告栏前停留10秒钟。正是这10秒，让你偶遇了学校新来的语文老师，于是你们之间有了一段随意的但可能影响彼此一生的对话，而他刚刚提到的一本新书，就在从门厅去教室的走廊上被发现了，在这样的学校里，教育就像呼吸一样地自然。

2.3.7 个性化空间

学校设计中，有许多超乎寻常的个性化空间，如藏在墙里的空间，凸出在墙上的空间，"抽屉空间"等等，带给体验者惊喜[1]。

---

① 赵劲松，边彩霞.非标准学校：当代复合式学校建筑"非常规构想"[M].北京：中国水利水电出版社，2018-01：58-60.

藏在墙里的空间，如比利时克诺克——海斯特幼儿园。建筑师有意将墙壁做厚，并在墙上挖出一些流动性十足的曲线型壁龛，形成幼儿玩耍空间。这一设计与幼儿的心理和行为相贴合，同时也丰富了空间形态。加宽的窗台则为人们提供了欣赏墙壁中儿童活动的视角，同时也给走廊空间增加了休息功能。

凸出在墙上的空间，如美国洛雷恩郡社区学院。建筑师在隔断墙上增加了一个条形的凸出空间，使用者可以根据凸出部分的高度和宽度将其作为桌子和椅子使用。墙面采用玻璃材质，可以作为简易黑板使用，既节约了空间，同时也促进了学生之间的交流。

打破完整界面的"抽屉空间"，如深圳佳兆业肯渡国际学校。特别之处在于中庭处设计了突出的类似抽屉的空间，形成一种空间咬合的关系。围绕中庭的主要是碎化的非正式学习空间。"抽屉空间"沿中庭长轴方向的界面使用了透明玻璃，强化了空间的通透感（图2-3-10）。

图2-3-10　深圳佳兆业肯渡国际学校——中庭的"抽屉空间"
图片来源：坊城设计

2.4
丰富的室外空间

2.4.1 室外空间的积极作用

校园内一切无遮蔽性的空间都称为校园的室外空间。长久以来，受教学模式及资金等因素的限制，人们将提高学校建筑质量的焦点大部分集中在教室的室内环境及设施的改善上，认为室外空间是建筑建成后留下的"负空间"，忽略了校园室外环境的塑造。我国现行《中小学建筑规范》(GB 50099—2011) 对于校园的室外空间构成没有明确规定，许多学校规划忽略了外部空间的设计，校园中教学楼剩下的空间成为设计的盲点[①]。

然而，想要创造优美舒适的校园空间环境，主要还是从外部空间的各个组成元素下手，为学生提供多样的外部空间，充分提高外部空间环境的质量。事实上，校园的室外空间环境可以理解为阳光下的自修室、讨论室或娱乐室，树下的交往空间等，其是构成校园整体教育环境的重要组成部分，对激发学生的学习热情有着积极的作用。

今天，在很多创新教学空间，自由布局的教室和走廊正成为"标配"，其背后的理念是将对空间的支配权更多地还给学习者，激发他们学习的主动性。那么校园室外空间呢？作为全校师生通行、活动、驻留的综合场所，校园丰富的层次更加接近真实社会，也就比很多功能空间蕴含更多跨界、多元的教育和交流机会。所以，校园同样——甚至是更需要一个宽松、友善的环境，让孩子们在一生当中最富生机、充满可能的年华，有机会在这座"舞台"上反复彩排自己的人生未来。

如北京大学附属中学景观改造的草坪。原本校园中心区域的草坪空无一物，学生和行人匆匆走过，空置的绿地无法汇聚人气和活动，形成空间利用和景观使用上的浪费。对于这片面积大、利用率低的场所，建筑师希望让所有"看的绿化"都转化为"人的空间"，在草坪内部及道旁树周边添加了几何拼合的户外坐具，促发了学生的互动和交流[②]（图2-4-1）。

---

① 周崐，李曙婷.适应教育发展的中小学校建筑设计研究[M].北京：科学出版社，2018-05：154.

② gooood谷德设计网.重述校园故事——北大附中本校及朝阳未来学校景观改造，Crossboundaries [EB/OL] [2019-07-09]. https：//mp.weixin.qq.com/s/jHDxJdlPTK4p1-Exbbs-4Q.

图2-4-1 北京大学附属中学（本校）景观改造——将草坪变为露天教室和公共客厅

图片来源：https://mp.weixin.qq.com/s/jHDxJdIPTK4p1-Exbbs-4Q

再如深圳新沙小学的"类游乐场"似的室外空间塑造。有大量架空层的二层平台基本上是一个完整的流动性校园，不同景观特色的活动场所在此形成了相互联系。设计师认为小学生的天性是在游戏中交流和成长，因此设置了不同主题的游乐场一样的活动空间给孩子们去探索，而这些主题是通过空间设计实现的。例如小屋平台，上面有四栋小房子，里面是实践活动教室和陶艺教室。在天气好的时候，可以结合平台进行教学。房子之间形成了巷弄空间，这是城市里的孩子们难得体验到的中国传统老城的街景（图2-4-2）。

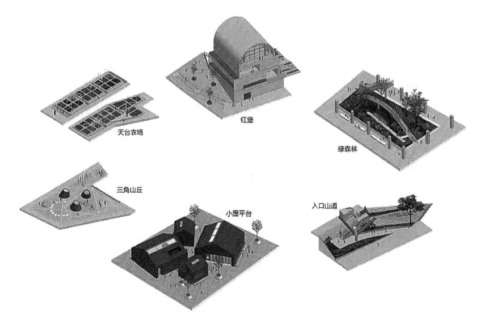

图2-4-2 深圳新沙小学——平台上的主题乐园

图片来源：一十一建筑事务所谢菁提供

2.4.2 图与底

建筑空间的内与外并不是两个独立的部分，两者之间相互联系，相互影响，就像鲁夫·阿恩海姆的图底学说，建筑物是"阳形"，建筑外部空间是"阴形"，二者呈现出一种互余、互补或互逆的关系[①]。中小学校园的外部空间与建筑物本身联系紧密，外部空间是建筑物实体的延续，是与建筑物相融合的更广阔丰富的空间；外部空间是建筑存在的"场"，外部空间造就了建筑，同时建筑又主动改造了校园的外部空间。

2.4.3 入口空间

学校的入口空间可以被理解为建筑的"门廊+门厅"。入口空间的特征包括标识性，交通性，展示性和礼仪性。理想的入口空间应为校门连接相应的活动、等候空间，并配备一定的生活服务设施。入口空间的设计应遵循适宜的造型与尺度，减轻交通压力，绿化配置，创意与特色等原则。

如深圳新沙小学入口空间设计。这是新沙小学主入口的局部透视，它没有传统的庄严大台阶或雄伟门牌坊，而是通过动态造型和多样的材料颜色，增加入口的亲切感。放学后孩子们能面带笑容，从这个坡道上开开心心地跑下来。从这样的设计中，能感受到对孩子的爱（图2-4-3）。

图 2-4-3　深圳新沙小学入口——动态造型与多样的材料颜色

图片来源：一十一建筑事务所谢菁提供

---

① 宁海林.阿恩海姆视知觉形式动力理论研究[M].北京：人民出版社，2009.

2.4.4 广场空间

中小学校园中，学校广场一般都是公共活动和交通空间，也是一种过渡性空间。如北京房山四中的广场以规则式布置为主，并将导向性和展示行为作为主要目标，成为学生朝夕相伴的一个重要外部场所。广场空间的感觉在很大程度上取决于封闭与开放的程度，外部空间设计就要灵活地运用封闭与开放这两种词汇，创造出宜人的空间环境（图2-4-4）。

图 2-4-4 北京房山四中的广场——高差的利用

图片来源：谷德设计网

广场形式可分为封闭型、开放型和半开放型。广场设计中可采用功能多样化、尺度人性化、区域划分多样化、设置绿化、应用"边缘效应"、设置标志物、利用高差、地面铺砌等多种手法。

2.4.5 庭院空间

庭院空间也是校园中常见的一种室外空间，建筑师所设想的庭院空间，可以说是"没有屋顶的建筑"空间。中小学生在学校的庭院空间发生的活动行为与庭院本身的空间环境质量有很大的关系。庭院的大小、景观的布置、路线的通畅等对学生的行为会产生直接的影响。学生在庭院空间发生的行为有嬉戏、运动、聚会、扫除、散步、休息、观看、用餐、交流等。庭院设计中可采用统一规划，分区域设计，充分利用空间，完善功能，塑造景观，设置绿化等多种方法。

随着时代的发展，各地的中小学都在提倡学校的生态化，结合庭院创造生态园是中小学设计的趋势。如日本失野南小学的生态园，不但绿化、美化了校园空间景观，而且为学校带来了生态效益，学生根据透过的光线、风的方向、水的温度、树木颜色的变化等，了解方向与季节，庭院变成了一个学生学习的大教室。

2.4.6 室外运动场

将室外运动场放置在屋顶的做法，如浙江省天台县赤城街道第二小学。将200米标准跑道放置在4层教学建筑的屋顶上，既有效利用了空间，满足了教学需求，还获得了额外的公共空间。

将运动场与景观相结合的做法，如北大附中朝阳未来学校。朝阳未来学校校方将新校园的整体改造都委托给了设计师，基于"从建筑到标识"的整体设计思路，设计师在校园内布置了一条慢跑道，成为景观语言与教育理念一致性的集中体现。这条跑道承担了双重功能，既是一条运动路径，也是步行主路，在紧凑的用地中被高效利用。这条跑道也承担了串联校园空间和景观的角色，与沿途的建筑、场地分别形成尺度适宜的关系，学生们在自由形状的路径上，可以通达不同的空间，观赏不同的景观。一个单一层级的动线，使得空间的层级也平等了。头尾相连的蛇形跑道，鼓励一种更自在、自主的决策路线[1]（图2-4-5）。

图2-4-5　北大附中朝阳未来学校的慢跑道

图片来源：筑龙学社

2.4.7 室外空间的发展趋势

中小学校园外部空间具有开放性，生态化，教育化、社区化的发展趋势。校园外部空间环境应具有开放性，让学生、教师、社区居民合理利用学校资源，在开放

---

[1] 筑龙学社.朝阳未来（北大附中），Crossboundaries[EB/OL] [2018-03-01]. https：//bbs.zhulong. com/101010_group_201806/detail32377339/?checkwx=1.

的校园内加强相互沟通。校园外部空间环境应具有生态性，校园中的空间绿化应将"观赏性"与"实用性"相互结合。校园外部空间环境应向教育生活化发展，整个校园都是游戏与学习的空间，学校应结合教育的诸多问题，实行个性化教育，尽量让每一寸土地、每一个角落都变成师生所熟悉所喜爱的地方；校园外部空间环境应向社区化发展，推进学校与社区融合，以整体、支持、共享和互惠为核心理念，并从校园无围墙设计、建筑与社区融合、学校和社区资源的共享等入手。

2.5
向社区开放、融合

2.5.1 为什么要向社区开放、融合

在终身教育的背景下，由于开放式教育的发展及教育资源的短缺，学校与家庭，社区的关系应更加得到重视，开放式教学不仅要满足于校园内部的开放，而且应逐渐向社区，社会开放，以提高教学教育质量和教育资源的利用率。

对于社区和公众，中小学校园是终身学习的倡导者、文化服务的提供者。在当代的语境下，部分中小学已经继开放高校的热潮后也都纷纷降下门槛，通过各种形式、空间和服务向公众表达开放的意愿。中小学校不再是传统意义上的基础教育机构，而是融合学术、教育、社区、服务、娱乐等诸方面的复合场所。因此，新校园设计应随之关注其相应的开放、复合、弹性等空间特征需求。

中小学校园开放、融合、复合化的趋势，是新时代中小学校在不断适应世界的教育、文化、科技等领域发展潮流，在中国土地资源有限的社会背景下，不断克服自身发展矛盾过程中的产物。其出现不仅有利于弥补现有校园空间单元刻板导致的资源浪费与教学不便、填补了传统课堂教育的不足，还有利于建立社区与学校的沟通纽带，延伸校园的教育功能，实现文化教育与生活的渗透共融，甚至还有利于地方文化的传承，助推地方文化大环境的建设，为提升中小学校自身教育能力与扩大教育影响力提供契机。

2.5.2 怎样向社区开放、融合

"资源共享开放"认可了学校作为社区共享公共资源的重要性，也提倡学校有

计划的开放与社会互动，使社会化的人际互动成为中小学生学习经历中必不可少的部分。学校向社区开放、融合，为其提供学习、展览、集会等活动场所的同时，社区也为学校提供了学习大环境与信息公共文化设施等的共享资源。资源共享的方式更易于学校与社区发生各种积极的联系和结合，社区力量的进驻能够为教学的优化累积能量，帮助学生更全面的发展。

社区可以和学校共享设施，学校运动场显然是其中一个可共用的设施，一些学校也已经有这样的安排。运动场和校舍之间以围栏隔开，社区居民可以在学生放学之后使用场地，不必进入校舍区域。把共享的构想扩大，一些设施如礼堂、图书馆、音乐室，甚至是一些教室也可以向社区开放。学校设计者必须和教育工作者以及社区密切合作，确定学校哪些是必须确保安全的关键区域，哪些地方可以开放，以促进社区居民共享学校设施。目前由公共体育馆、公共图书馆、公园提供的一些设施也可以由学校提供，这样就可以更有效地利用土地。

向社区开放、融合的案例包括上海市第二师范学校附属小学的有利于学科交叉、资源共享的细胞模式总体布局；苏州湾实验小学的人性化入口接送等候空间；张家港凤凰科文中心、小学与幼儿园利用街区化布局实现的开放共享[①]；向社区"打开盒子"的深圳新沙小学等。

新沙小学的设计师认为在学校里面学习的知识是和外界紧密相连的，所以希望校园不要有围墙，它应该是一个开放的校园；教室也不应该是一个封闭的盒子，应该把它们都打开来。

如何做到不要围墙呢？传统学校会以首层作为校园的主要公共开放空间，但是在新沙小学中，把校园公共空间抬高了一层，做到二层平台上了。利用这个高差，让校园有一个安全又便于管理的环境，同时真正做到了没有围墙。沿着街道是一圈骑楼（骑楼空间位于学校红线以内），校方主动把这一部分的骑楼空间拿出来和整个社区共享，它可以为经过的市民和来接送孩子的学生家长遮阳和挡雨。建筑边界做得柔软、模糊，让它变成一个活动的平台以承载更多的活动场地。这样柔软和开放的建筑可以为城市带来很多有趣的散步空间、一些人性化的场所（图2-5-1、图2-5-2）。

---

① 米祥友.新时代中小学建筑设计案例与评析：第一卷[M].北京：中国建筑工业出版社，2018.

图 2-5-1　深圳新沙小学——校园边界与骑楼

图片来源：一十一建筑事务所谢菁提供

图 2-5-2　深圳新沙小学——抬高一层的校园

图片来源：一十一建筑事务所谢菁提供

2.5.3 教室—学校—社区—社会

　　人类教育从古至今，教育范围不断扩大，教育内容不断增加，教育形式由封闭到开放不断演变。今天由于经济、技术、文化的发展，开放教育成为世界教育的主流形式。从教育改革的趋势来看，开放的体验式教学将成为未来主要的学习模式，与之相适应的教学空间也不断开放。在信息时代，从理论上讲，中小学校不再是封闭的教育单体，而是与社区其他公共资源一起，共同构成终身学习社会中的教育实体。开放式学校的开放程度大致分为四个层级，从教室—学校—社区—社会，不断扩大学校的开放程度，组成开放的教学空间系统（图2-5-3）。

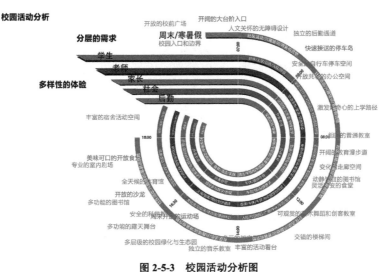

图 2-5-3 校园活动分析图

图片来源：https://www.gooood.cn/longhua-sanzhi-bilingual-school-china-by-fcha.htm

未来的学校最大的转变或许是与社区融为一体。老龄中心也许设在学校附近，或设在校园里，以鼓励学生通过社区服务而学习。老龄中心和学校结合，也可促进老一辈和年轻人之间的融洽关系[①]。

同样的，还可以考虑将校园变成人和家庭的学习中心。学校资源，如媒体资源中心、电脑室、游泳池和健身房，都可与社区共享。当民众俱乐部、公共图书馆和公园所提供的设施都变为由学校提供时，土地的使用效率将会大大提升。更重要的一点是，学校将成为真正的社区建筑。它不仅是属于年轻人的创意学习空间，也是各个年龄层共同学习和聚会的场所。

如坊城设计的广州万科云上塾。该项目消解综合体项目的体量，在其中置入学校和培训，通过重构功能，鼓励共享，提高效率，使教育空间更加开放和多元化。在广州云上塾中，学校、培训和商业的关系被重新构建，在垂直方向进行叠加，各个功能的独立性更强。竖向的多功能叠加更容易分区管理，但三个功能依然保留了相互交叠的接口，提高使用效率的同时也促进了各功能使用人群的交流。

学校的日常活动范围，通过一条精心设计的立体廊道与商业、培训缠绕在一起，相互叠加却不交错，学校边界通过完善的界面管理动态变化。来自澳洲的国际学校对于这种空间复合的使用方式接受度很高，项目自2015年启动，于2018年10月开业，至今商业和学校均运营良好。

---

① 朱永新.未来学校：重新定义教育[M].北京：中信出版社，2019.

2.5.4 "翻台学校"的畅想

  分析校园中各层次的分时活动，可以发现，大部分的中小学校，校舍利用率很低，星期六、星期天、节假日扣掉以后，一年中有一半的时间，教育资源是闲置的。能否在同一所学校，正常上课的时间段由学校老师和学生使用，是普通中小学的功能；下午4点半后，"翻一台"，教育培训机构进入，由有需要的培训机构的老师和学生来使用，甚至可以是有学习需求的家长和成年人来使用。同一空间在不同的时间段被不同的人们使用，可以大大提高教育资源的使用率，还节省下了家长和学生奔波在学校和校外培训机构之间的时间和精力，这就是"翻台学校"的设想。如何提高"翻台率"，如何让学校和教育机构，老师、学生和家长，儿童和成人实现充分的教育资源共享，将是未来新校园设计和建设中的一个重要研究方向。

  如挪威尼克罗恩堡学校。建筑师通过复合多种功能，将现有的学校与城市体育功能、文化艺术舞台、音乐设施以及社区咖啡厅进行整合，使学校成为所在区域的一个新的焦点。按照使用时间的不同，教室被赋予不同功能：白天，这里是供学生上课的教室；晚上，学生放学后，这里是对社区居民开放的社区活动中心。此做法极大地提高了设施的利用率①。

  建筑屋顶被扩展成学校的活动场地，设置了多种运动设施，有效地扩充了学校的使用空间。该建筑充分体现了同一空间在不同时间段被人们使用，所形成的不同空间功能，这就是空间的动态复合设计手法（图2-5-4）。

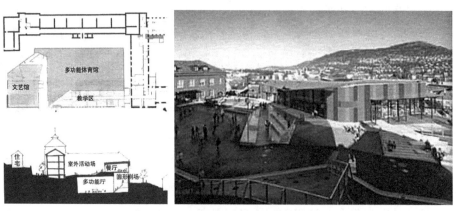

图2-5-4　挪威尼克罗恩堡学校——利用使用时间的差异定义空间

图片来源：http://www.archreport.com.cn

① 赵劲松，边彩霞.非标准学校：当代复合式学校建筑"非常规构想"[M].北京：中国水利水电出版社，2018-01：18.

2.5.5 现阶段的问题

中小学校向社区开放不仅能够为大众带来便利，而且凸显了学校的社会责任感，增加了学校与社会的互动，促进了学校的多样性发展。但是，现阶段仍然存在着适度开放后校园安全存在隐患，以及随社区开放的校园服务型功能有待拓展等问题。公共资源的利用和学校秩序、学生安全存在的矛盾，致使中小学校向社会开放长效机制的建立一再放缓，如何科学管理这些风险成为研究中小学校向社会开放的重点和难点。

校园开放，也不仅仅是简单地把门打开，而是需要多部门协同合作。学校体育设施、图书馆、资源中心、电脑室等的对外开放问题涉及开放时间、开放对象、收费和安全等诸多问题，需要在政府主导下立法的支持，明确政府、学校、公安机关、社区等相关部门在场馆开放中的责任问题，以规避环境、财产、人身安全、日常管理等多方面的风险。

从目前的实践来看，学校可通过划分教学区与开放区，建立切实可行的突发应急预案，合理确定开放时间，加强对公众开放后的安全管理（如身份证＋人脸识别进入的要求）等方面来降低风险。此外，学校可以充分利用互联网资源及时向民众及时更新开放场馆信息，开启"互联网＋"的向社会开放的模式。

2.6
安全的绿色校园

校园安全不仅是校园稳定的基础性条件，更是中小学生健康成长、全面发展的需要，其与每位师生、家长、甚至整个社会均有着切身的关系。因此，建设安全绿色校园是关系到千家万户的重大工程。其既包括健全的校园管理体系（软件），也包括舒适安全的校园环境设施（硬件）。本节重点就硬件设施的设计进行探讨。

2.6.1 安全校园

安全校园包括交通安全、消防安全、卫生安全等多个方面。本节的重点在于学校环境的安全，学校环境的安全是从宏观和微观两个角度来考量的。

宏观角度的一个例子是交通安全。将车行和人行的通行道分隔开，如果条件允许，人行的单独入口处将有廊道直接通达公交车站或人行通道。宏观角度的另一个例子是校园踩踏事故。每当发生校园踩踏事故，就有人去丈量楼梯的宽度，很多人想当然地认为踩踏事件的发生客观上是因为走廊不够宽。其实，对中小学来说，楼梯并不是越宽越好。比如走廊80米长的教学楼，每20米设1个2米宽的楼梯，共设4个（加在一起才8米），远比中间设1个10米宽的楼梯安全[①]。楼梯宽一些虽然有利于人流疏散，但当人数达到一定程度，太宽的楼梯反而有更大的危险性。因为一方面太宽的楼梯会增加人流的速度，速度越快，发生踩踏事故的可能性越大；另一方面，太宽的楼梯，也意味着人流中某个将要倒地的孩子很难抓到旁边的扶手，而有人倒地，是楼梯踩踏最致命的诱发因素。一旦有人倒地，滚雪球效应就会立即释放出腾腾杀气。

从微观角度看，精心的选材以及栏杆、扶手和敞开的窗口的设计，都应经过细致处理，以营造充满关怀和呵护的环境。栏杆尽量少用横向构件，以预防学生攀爬。

在关注安全的同时，在校园里提供一些鼓励冒险精神的元素，也是值得进一步考虑的问题。事实上，有必要为校园营造具有挑战性的环境。在体力和脑力都接受严峻考验的环境下，往往可以培养团队精神，并增强群体力量。建筑物和周边环境的设计能激发起学生的求知欲，去探求结构、工程、美学和自然环境的知识[②] 如日本的校园设计中就有相关的案例体现（图2-6-1、图2-6-2）。

图 2-6-1　日本的案例——校园中对冒险的探索（一）
图片来源：AT建筑技艺

① 中小学校设计规范 GB 50099—2011[S].北京：中华人民共和国住房和城乡建设部，2010.
② AT建筑技艺.为什么中国的幼儿园大多"万无一失"，而日本的幼儿园喜欢"制造危险"？[EB/OL] [2020-05-13]. https://mp.weixin.qq.com/s/F9NzqV4XE9GYFxeEKbY7-w.

图 2-6-2　日本的案例——校园中对冒险的探索（二）

上：一楼屋顶平台到地面，除了楼梯外，还设置了滑梯，校园成为游乐园

左下、右下：中庭的天窗可以在下雨天打开，成为孩子们戏水的场所

图片来源：AT 建筑技艺

2.6.2　交通流线

　　校园交通策略问题不仅仅是人流、车流，而是牵扯到校园规划设计的方方面面；交通也不仅仅是点到点之间的距离输送问题，而是应与校园内其他需要统一协调解决。校园内部的规划设计以及使用后的管理运营都会对校园交通造成不同程度的影响，在寸土寸金的城市用地中高效率的解决这些问题，需要做到一物多用，多功能合一。

　　达到以上目标，需要从场地的整体把握到对入口空间、校园流线、停车空间等细节认真规划；通过校园交通将校园内各要素有机的串联起来，在复杂的节点创造性的采用并联的手法有效解决人车分流的问题；在有限的交通使用空间内合理的采用各种手段使空间利用丰富化。校园交通流线规划应遵循以下原则：

1.动静分区

校园内学生活动的特点为：大单位、多人数、同时性、规律性，动静间歇。针对学生的活动特点，将校园划分为动静两区，静区以教学办公为主，动区以操场活动类场地为主，运动场、入口集散广场两部分动静相间既相互联系又有效隔离。

2.人车分流

从主入口对人流车流进行划分，采取各行其道的多出入口管理模式进行有效隔离，采用多时段管理模式各行其时有效分开，避免人车混流。

3.利用地下空间解决车辆停放问题

在校园规划中通过地下空间的开发可有效提高土地利用率。通过将部分交通设施置于地下空间的办法，置换出的地面可用于绿化或作为活动场地，同时可将接送车辆引入地下空间，达到释放校园门前交通空间的作用。在停车位处理上，以学校管理使用为主解决校园周边交通问题为要，同时可以兼顾面向社会服务的停车空间，使资源合理利用。

如杭州市时代小学天都城校区的交通流线设计，开车到达学校入口的雨檐下，打开车门就会发现脚可以直接踩在人行路面上，从下车到进入大门厅，不会淋到雨，也不会发生与机动车和非机动车交叉。

再如深圳前海三小。地下设置交通疏导中心，在紧张的校园用地情况下为家长提供了接送孩子的空间，接送车流通过地下坡道入口进入地下环形交通岛的下沉庭院学生等候处，学生可选择直跑楼梯或电梯直上首层地面再至各个教室[①]（图2-6-3、图2-6-4）。

2.6.3 材料选择

学校的建筑材料选择应满足安全环保、适宜亲和的原则。根据学校地方文脉特征与资源条件，因地制宜的选用富有亲和力与校园特色的建筑材料。材料的色彩、肌理、触感、形状、组合方式等都会影响中小学校园的环境质量与师生的教学体验。

① 建日筑闻.高容积率下的流动院落：深圳前海三小，深圳大学建筑设计研究院·元本体工作室[EB/OL] [2019-07-31]. https://mp.weixin.qq.com/s/JgntKQZDrG3TIWB0YTh7nA.

图 2-6-3　深圳前海三小地下交通疏导中心——架空下沉庭院

图片来源：ADCNews建日筑闻

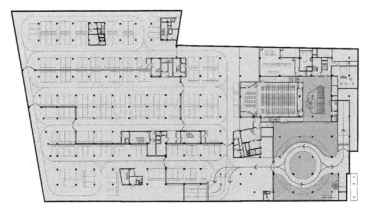

图 2-6-4　深圳前海三小地下交通疏导中心——地下一层平面图

图片来源：ADCNews建日筑闻

立面材料的选用重在建立校园整体文化形象，节点材料的差异化旨在提高复合空间不同功能的辨识度，设施材料的选用帮助引导学生正确灵活使用家具和工具，绿色建材的适应性选择，决定建筑的舒适性与节能效果。不论砖、石、瓦、木等传统材料，还是彩色玻璃、细石混凝土等现代材料，其效果不在于种类繁复与工艺复杂，而在于因地制宜，能够保证学生的舒适安全与健康，适合中小学校园长期发展（图2-6-5）。

图 2-6-5　深圳第十三高级中学——立面材料的运用成熟
图片来源：奥意建筑工程设计有限公司提供

2.6.4 细节设计

细节决定成败，一所成功的学校设计，对细节的关注是不可缺少的，细节的把握往往与师生日常使用的需求紧密相关。校园建设中细节的完整度，往往在不同专业配合的精细度和完成度上体现出来。无论是平面功能、空间细节，还是设施设备的合理周全，亦或是材料构造、安全方面的特殊处理，细节设计不仅体现着设计者对建筑完整度的把控能力，更表达着对学校师生的人文关怀。它们令我们愈发体会到，教育的迷人之处，就在于美好的效果往往取决于细节上的匠心。

如处处可见"宜我空间"的金沙小学改造。金沙小学有很多细节上的精心设计，学校进大门之后有一个通道，叫"梦想大道"，大道上有很多小圆门，门的高度，是根据孩子的身高来设计的。有一个心理测试说，当一个高的门和一个矮的门挨在一起的时候，绝大多数孩子会选择矮的那个门，因为孩子们喜欢寻找"宜我"的空间。学校内就有很多这样"宜我"的空间，所有的设计都为孩子着想[1]。

---

[1] 吴奋奋.学校建筑设计和室内设计的教育专业性[R].北京：中外友联建筑文化交流中心等，2015.

在金沙小学，几乎所有地方都能坐。因为小朋友更多是在交流中学习，所以学校提供了小朋友到处都可以坐的可能，他可以在任何地方看书、讨论。学校所有的墙面都最大程度地展示资源，过去可能只是在墙面挂一幅画，但这单一的媒体与学生产生的互动交流很少，所以改造后更多在墙面摆放的是实物、电子屏或可以随时替换的学生教师作品。

金沙小学的门上都是从上到下一个长长的门把手，因为学生高矮是不一样的，门把手放高或者放低都不合适。教室门的设计也比较特别。过去的教室只有上面是透明的，方便成年人的视角，但是对小学生而言，能从外面看到教室里的情况更为重要。上功能课找不到教室怎么办？门下面这个窗就是为了孩子设计的。包括教师办公室，整个墙面都是玻璃的，因为学生进办公室是很紧张的，但是墙是透明的，他能看到里面所有的情况，这样也能让教师的行为更加规范。学校的色彩元素也是经过了精心设计。设计师用蓝色、绿色、橘黄色和黄色做基础色，与九寨沟秋天的颜色相呼应，按比例形成了现在的色彩基调。总之，学校内每一处细节都是为了让孩子感到幸福快乐，让孩子能体会这是属于每一个人的学校。

又比如"细节对孩子更重要的"深圳和平小学。构建一个好学校，核心是构建一个善意、有安全感、相互支持的环境，而构建环境的核心是尊重。丰富多变的空间体验遵循儿童天性，激发好奇心，鼓励孩子们勇于探索，增加活动量，同时也在孩子需要时，用尺度更贴近孩子的亲密空间呵护他们敏感的情绪。暖色调的心理咨询室、光线明亮的洗手间、舒适温馨的图书室，都为孩子的人格发展提供了包容的空间。这些设计细节也令老师深受启发，让他们能更好地在教学中与孩子们互动，从更深切的角度关注孩子们的身心成长（图2-6-6）。

图 2-6-6 深圳和平小学改造——暖色调的心理咨询室、光线明亮的洗手间、舒适温馨的图书室，都为孩子的人格发展提供了包容的空间

图片来源：https://mp.weixin.qq.com/s/CjLyt4msaETvBWUPuTwhYQ

2.6.5 绿色校园

随着低碳节能观念和技术的成熟，绿色节能成为建筑领域的共识和必然路径。中小学校园的绿色设计也成为关注的热点之一，在绿色设计方向提升其目标和动力既是可持续发展的要求，也是学校建立自身特点和提升教学效果的途径之一。通过绿色建筑节能技术为中小学教学空间提供合理的自然采光、通风、声音和噪声控制、照明等是永恒不变的最基本的教学环境设计要求。同时，中小学绿色校园本身也可成为一种有效的教育资源，将校园内的一些绿色措施与可持续教育结合起来，让学生在真实环境中进行体验，主动探索研究，以激发其对环境的热爱，同时培养学生调查研究的能力。

据美国Heschong Mahone Group的研究成果表明，学校教室的自然采光设计直接影响着学习效率和成绩。其他条件相同时，在自然采光条件最好教室中的学生比在自然采光条件最差教室中的学生在一年的数学测试中进步20%，在阅读测试中进步26%。另一研究则表明，当通风方式得到改善时，学生的缺勤率减少达60%。可见，建设绿色的中小学校园，改善学校建筑采光通风等环境对营造健康的学习、工作环境和提高教学质量意义重大。

中小学绿色校园是指在其全寿命周期内最大限度地节约资源（节能、节水、节材、节地）、保护环境和减少污染，为师生提供健康、适用、高效的教学和生活环境，对学生具有环境教育功能，与自然环境和谐共生的校园[1]。如何建设绿色中小学校园？在校园设计时需要从哪些方面着手？绿色校园建设有哪些原则和方法？作者将从绿色校园环境、建筑节能以及建筑舒适性三个方面具体阐述。

从校园环境视角，绿色校园包括校园总体布局、生态绿化系统及"海绵"校园三个方面。从建筑节能视角，绿色校园可围绕建筑材料选择、新能源利用、建筑外围护、供暖（北方供暖地区）制冷系统、通风系统、遮阳系统、照明系统、设备调控、学校管理等九个方面开展。从建筑室内舒适性视角，绿色校园主要包括空气质量、声响效果、采光照明及防止眩光等几方面。

此方面的案例有因地制宜塑造生态绿洲的北京实验小学兰州分校项目、获得绿建三星认证的北京四中房山校区项目、最大化利用自然通风采光的北京师范大学盐城附属学校和威海市实验高级中学项目、充分运用绿建技术的深圳南山实验教育集

---

[1] 绿色建筑评价标准GB/T 50378—2019[S].北京：中华人民共和国住房和城乡建设部，2019.

团前海港湾学校项目和中新天津生态城12年制学校项目等（图2-6-7～图2-6-9）。

图2-6-7 深圳南山实验教育集团前海港湾学校——环境监测传感器

通过它可以捕捉到室内的甲醛、PM2.5含量、温湿度、二氧化碳浓度等空气数值，这些数据将通过和教室里的新风系统联动。在教室里门窗紧闭开空调的情况下，保持室内的空气清新。可以随时观测学校的环境

图片来源：奥意建筑工程设计有限公司提供

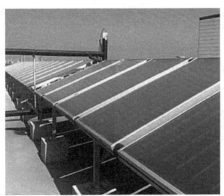

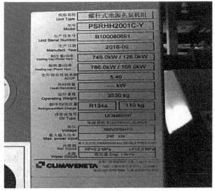

图2-6-8 中新天津生态城12年制学校项目——冷热源全部采用地源热泵

可再生能源提供的空调用冷量和热量的比例达到100%；屋顶设置676平方米太阳能集热器，太阳能热水系统提供的热水占生活热水使用量为84%

图片来源：天津生态城绿色建筑研究院有限公司

图2-6-9 中新天津生态城12年制学校项目中"海绵城市"的做法

本项目设置雨水管网，雨水经部分截留后，地表径流经汇集排入市政雨水管道。并设有3300平方米的屋顶绿化及2454.4平方米的透水地砖，可以促进雨水下渗。本项目场地年径流总量控制率达到55%

图片来源：天津生态城绿色建筑研究院有限公司

2.6.6 智慧校园

　　智慧校园的建设正在我国各地如火如荼地开展，关于智慧校园建设的目标和内涵每天都在不断地丰富和拓展。随着云计算、物联网、移动互联网等新一代信息技术的发展，随时随地的师生互动、无处不在的个性化学习、智能化的教学管理和学习过程跟踪评价、家教互通的学习社区等新型"智慧校园"教学管理模式已展现在人们面前。

　　根据《国家中长期教育改革和发展规划纲要（2010—2020年）》的要求，智慧校园的总体建设目标是：以服务教育教学为核心，逐步开展智慧校园基础设施环境和智慧学习、智慧教研、智慧管理及智慧服务四大应用平台，在此基础上利用大数据、云计算等新兴信息技术对数据进行深度挖掘分析，充分利用国家教育网等设施，实现与其他学校间的设备互联、资源共享、业务协同，从而将学校建设成为一个无处不在的网络学习、融合创新的网络科研、透明高效的校务治理、丰富多彩的校园文化的智慧校园 [1]。

　　智慧校园的建设可分为三个阶段进行：

　　第一阶段，通过校园信息与网络综合布线工程、计算机网络工程、机房基础设施工程、卫星及电视系统、教室多媒体设备工程、校园广播系统、电话系统、智能卡（门禁）系统、数字发布与显示系统等系统的建设，搭建符合标准的智慧校园基础环境，满足新建校开学的学习、教研和管理要求，为未来学校智慧校园的全面建设夯实基础。

　　第二阶段，通过建设以平板教室、翻转课堂系统、电子阅览室系统为核心的智慧学习应用平台，以校园电视台系统、精品录播教室系统、视讯系统为核心的智慧教研应用平台，以物联网集中控制系统、设备空间展示系统、终端定位服务系统、协同办公系统为核心的智慧管理应用平台，以统一信息门户平台为核心的智慧服务应用平台，从而初步建设成一个以无处不在的网络学习、融合创新的网络科研、透明高效的校务治理、丰富多彩的校园文化理念为中心的智慧校园，为实现学校日常智慧化的学习、教研、管理和服务提供信息化支撑（见图2-6-10）。

---

[1] 国家中长期教育改革和发展规划纲要（2010—2020年）[R].北京：国家中长期教育改革和发展规划纲要工作小组办公室，2010.

图 2-6-10 深圳南山实验教育集团前海港湾学校——教室里的"黑科技"

图片来源：奥意建筑工程设计有限公司提供

　　第三阶段，在第一、第二阶段的基础上，利用大数据、云计算技术建设以教学质量分析、学生过程评价分析、学生舆情分析、教师行为分析为核心的综合应用分析平台，加强对教育、教学过程中海量数据的深度挖掘和分析；通过建设机器人、3D打印等功能教室，提升教师和学生的科技创新能力；充分利用国家教育网等基础设施，实现与其他学校的设备互联、资源共享、业务协同。从而全面建成以分层次教学、学生成长阶梯、先进的教育教学为核心理念的智慧校园。

　　随着新技术、新理念的不断发展，智慧校园的建设过程和建设内容也会不断有新的发展，从而推动教育信息化工作不断向前。

第3章

呵护天性的小学

3.1 概述

从宏观层面而言，教育乃立国之本，而其中的小学教育可以理解为育才之基。孩子们教育素质的高低直接关系国家与民族的未来，我们的下一代能否打好教育的基础，与国家民族的长远命运息息相关；从微观层面而言，每家每户的孩子都希望在心中理想的小学就读。因此，提高小学的整体设计及建设水平直接关系到人民群众的幸福感与获得感，是人民群众对美好生活向往的重要组成因素。从这个角度而言，小学与人民群众生活息息相关，小学建筑设计意义重大且深远。为当代小学教育提供优良的教学与生活空间，回应社会发展与教育变革，满足素质教育与办学需求，使小学校园规划与建筑设计与时俱进，已是广大建筑师与教育界有识之士共同思考和关注的课题。

本章中的案例，从不同角度反映了建筑师们对小学设计的最新探索，体现了三个方面较为明显的特点：包括对于教育变革的回应，对时代发展的回应以及对场所变化的回应[①]。

3.1.1 对教育变革的回应

近年来，既适应我国的教育制度、体现素质教育需求，又充满创意的中小学建筑设计案例不断涌现，令人欣喜。不少案例的设计创新点就是源自于对素质教育课程设置以及教学方法变革需求的回应，是从功能的内在需求出发而带来的设计创新，重视教育学对建筑设计的指导作用，把教学需求作为教学空间设计的创新驱动，让教育学与建筑学之间形成良性互动关系，使设计实践与研究成果更具系统性与科学性。这种空间上的设计创新，不仅体现在教室种类增加、走廊形态变化等基于传统教育进行的局部优化，更体现在校园中教学相关空间的方方面面。建筑师们通过与教育学理论结合更紧密的空间组织调整，自上而下的影响教学空间的整体布

---

① 米祥友.新时代中小学建筑设计案例与评析（第三卷）[M].北京：中国建筑工业出版社，2021.

局与细部形态，从而更加适应教学的新需求。而教学空间的提升，在为教学需求提供保障的同时，也会反过来推动和影响教学形式的进步，与教学形成良性的互动。

如将传统校园中的图书馆、教室等专用教学空间进行功能复合，并转化为各种教学中心；在设计中就考虑到"走班制"、"跟班制"等不同教学模式下的使用需求，不仅在教学单元的布置与组织上灵活可变，也在一些公共空间的设计上减少了对其空间属性与使用方式的定义，预留了扩展与变革的可能。公共空间的多样性形态演化是这些案例的普遍特征。在这些新的设计思路的引领下，开放的课室、垂直的校园、弹性的教学空间以及教育综合体等新形式出现在多个新建校园设计中。

此外，科技的进步在未来的教育变革中也将扮演更加重要的角色。信息技术促进了"STEM"教育的变革，而人工智能、区块链、云技术、大数据、5G技术、后疫情时代网络教育都为教育的变革注入了新的活力，这些都对小学校园规划与建筑设计提出了新的要求，也从内在需求方面成了设计新变革的动因。

3.1.2 对时代发展的回应

教育需要与时俱进，小学校园规划与建筑设计也是如此。近年来的本土校园的设计案例，都或多或少的体现出对当前时代特点的回应与思考，其核心都是立足于科技进步、数字化背景，对未来学校形态、学习者的核心素养、学校发展方向等，为我国未来学校的发展提供了基础框架，也为教学空间的设计提供了基础参考。

其中一部分案例在设计中尝试对社区开放，通过严格的管理与流线组织将校园的部分功能对社区分时开放，这是当前共享、开放、多元的发展理念的体现，也是城市高密度环境影响下的应对策略；还有一些案例立足于城市数字化背景，在校园中引入各种智能科技以辅助校园管理，例如对校园分时分流、接送时段、学生物品储存的智慧化管理。此外，大部分案例都表现出对学生使用感受、心理需求的进一步关注，并强调校园空间本身的教育性、启发性和探索性，这也是当前小学校园设计回应时代发展的一个重要表现。

除此之外，还有一类特殊类型的校园，即解决校园翻新扩建过程中"腾挪难题"而出现的临时校舍。在现代化、未来化的新的教育需求下，大量城市校园急需进行改建或扩建，此类临时校舍就是在这一背景下产生的。虽然是过渡性的临时学校，但建筑师并未忽略其设计，它们同样具有很强的设计感与时代特征。这些校园案例建设周期短、经济实用、可拆卸、可异地建设，建筑师大胆探索了建造的新体系与未来教学空间的新形态，体现出政府与建筑师在解决城市问题上的灵活性与创新性。这些不同类型的小学项目设计，在一定程度上都体现了建筑设计配合时代发展并面向未来的思路。

3.1.3 对场所变化的回应

近年来，建筑师在校园设计中，明显面临比以往更突出的外部条件的局限和内部空间拓展的需求。其中比较尖锐的矛盾集中体现在以下几个方面：建设用地的紧张与学校建设体量增大之间的矛盾、教学多样性空间的需求与旧有建设指标的矛盾、学生身心健康的运动需求与室外场地狭小的矛盾及学校接送交通与城市交通的矛盾等。

随着我国城市化的推进，场所局限条件下的校园设计，已经成为城市小学校园规划及建筑设计的新常态。这些学校的用地状况，或是用地小、密度高、建设强度大，或是用地边界条件局促。这些不利条件均对建筑物的规划退距、体育活动场所的达标布局、教学用房的日照及朝向安排等带来了相当大的设计难度。传统的低层、低密度的小学设计经验，已难以应对新时代所面临的新挑战。高密度、大体量的小学校园规划与建筑设计研究成为中国建筑师面临的全新课题。

为了应对这种新场所需求的变化，校园设计需要突破传统校园模式的局限。近年来的设计探索中，集约化已成为小学校园设计的重要手段与设计出路之一，并且产生了不少具有新意的化不利为有利的建筑设计思路，比如教学综合体的做法。在严苛的用地条件下，多数近年来的新建学校仍保证了学生足够的户外活动空间，且许多校园案例的建筑面积甚至有所提升。这些本来是因为场所限制"逼"出来的设计，反而带来了学生步行距离缩短、室内共享空间增加、课间休息活动场所更加多元等优势。辩证地看，场所局限所带来的不仅是负面的限制与缺点，如果处理得当，也可以是正面的创新动力与优点来源 [1]。

这些应对场所条件变化的设计，均反映了在城市小学建筑设计过程中，设计者们通过创意与构思对新问题、新矛盾所做出的回应。这些案例从不同的切入点出发，尝试从校园规划、建筑空间竖向设计、地下利用、社区共享、学生接送等问题入手，找到了不少在高密度条件下的集约化小学建筑设计应对策略，拓展了这一领域的建筑设计理论研究与实践探索。

---

① 何健翔，蒋滢.走向新校园：高密度时代下的新校园建筑[R].深圳：深圳市规划和自然资源局，2019.

3.2
代表性案例

3.2.1 城市方舟——深圳红岭实验小学

近年来，深圳市的中小学建设面临一系列严峻挑战：激增的教育需求与稀缺的土地资源之间的矛盾日益激化，众多学校不得不在原有校园的有限用地范围内急剧扩大规模，进行升级改造。然而，现行的学校设计规范和管理机制过于僵化，各种条条框框限制了校园设计，也导致校园建筑千篇一律，普遍缺乏对素质教育、场地环境和地方社区的细心呵护。

为应对这些挑战，原深圳市规划和国土资源委员会（现更名为深圳市规划和自然资源局）及福田管理局联合各部门，在2018年1—5月期间，以"8+1建筑联展"的创新机制，在福田区选取了9所亟需改扩建或新建的中小学和幼儿园，向全国公开征集创意提案。国内外89位优秀建筑师参与了"联展"征集，为9所校园奉献出丰富多样、有着卓越空间品质和高远文化愿景的设计方案。

作为深圳"福田新校园行动计划"的预演项目之一，2019年10月16日，深圳红岭实验小学举行开学仪式。红岭实验小学是后来"新校园行动计划"和"8+1建筑联展"的先行者，在设计和建造两方面为"新校园行动"的全面探索揭开序幕（图3-2-1）。

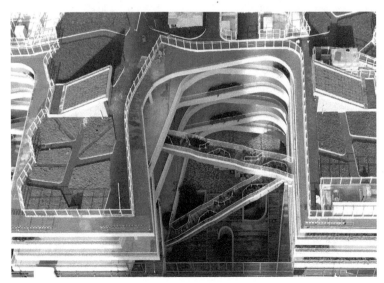

项目信息：
地址：深圳市福田区侨香四道与安托山二路交汇处东北侧
项目年份：2017—2019
建筑面积：33721平方米
建筑师：源计划建筑师事务所 O-office Architects
结构顾问：广州容柏生建筑结构设计事务所

图 3-2-1 山谷庭院与屋顶园艺广场

图片来源：源计划建筑师事务所提供

红岭实验小学的设计具有如下特色:

3.2.1.1 高密度

高速度和高密度已成了地处亚热地带的中国城市深圳的代名词。这座沿着珠江出海口东侧滨海带状规划的超级城市中的人口和建筑密度仍在与日俱增,在超高层建筑中居住和工作已成为这座城市的日常。城市里的休闲、甚至教育都被带进高空之中。

红岭实验小学及其周边城市的所在地原本是福田区西北部的一座名为安托山的小山。这座小山在城市中广为人知是因为它供给了大量用于城市填海扩张的花岗岩土石方,以至于山体被基本削平,仅剩下小学西侧的一座孤独的小山包,其余场地在采石行动逐步退出后被平整为城市开发用地(图3-2-2)。

图 3-2-2　东南侧学校全景

图片来源:作者拍摄

红岭实验小学的建设用地约1万平方米,原规划24班小学,后因学位缺口巨大而增加至36班。现建筑面积约为原规划的两倍,建筑容积率超过3.0。加上用地东南角建筑基础对地铁线路的避让、道路退缩以及规范上对日照间距(虽然这在亚热带气候的南方常被质疑,但到目前为止仍是强制性要求)的规定,使得建筑设计面临诸多空间上的挑战。

3.2.1.2 垂直机制

由于校园用地局促，水平布置受到限制，因此，校园垂直向度的策略变得至关重要。建筑师在红岭实验小学的设计中努力把建筑总高控制在24米以下，以创造水平交往并在建筑空间及景观空间上回应儿童的身体和心理特点。

教学建筑几乎满铺可以建设的用地，建筑分为东西高度不同的两个半区，平面上以两个镜像的E字形连接，西半区利用学习单元之间所必须的间距创造出两个曲线形边界的"山谷"庭院。庭院下沉至地下一层，结合由道路退缩距离中取得的边坡绿化，为地下一层的文体设施和餐厅空间争取充足的采光和自然通风（图3-2-3）。

下沉庭院通过缓坡和露天阶梯剧场与架空且自然起伏的首层地面连接成为一个整体的地景儿童乐园。200米环形跑道和运动场被置于建筑东半区三层屋面，与西侧主教学建筑的三层平面相连，便于在二、三、四楼上课的小学生们课间到运动区域活动（图3-2-4、图3-2-5）。

图3-2-3　多层高密度，水平延展，层叠交错
图片来源：作者拍摄

图3-2-4　向城市打开的立体山谷庭院
图片来源：作者拍摄

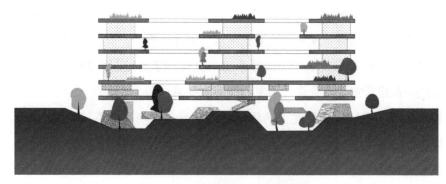

图 3-2-5 地景公园之上的山谷庭院
图片来源：源计划建筑师事务所提供

运动场下方中部是可容纳300人的小礼堂，主教学建筑的四、五层分别为课外教学建筑的四、五层分别为课外教室和教师办公室，而屋顶是学校的园艺农场。

3.2.1.3 单元组织

学习单元——传统上称为课室，是小学生们学习和交往的基本空间细胞单元。建筑师针对深圳所在的亚热带气候在水平的E字形板式楼层平面上构想了成对组合的鼓形平面的教学单元，避免课室过长的连排阻隔自然通风。每层12间课室分3列共6对布置。每个单元对组合可以通过开闭连接部的灵活隔断以满足合班和分班等不同空间需要（图3-2-6～图3-2-8）。

图 3-2-6 成对的鼓形学习单元为互动式混合式教学提供多种可能性
图片来源：源计划建筑师事务所提供

图 3-2-7　鼓形学习单元之间的流动的半户外活动空间

图片来源：源计划建筑师事务所提供

图 3-2-8　鼓形平面教室的展示式门窗系统

图片来源：源计划建筑师事务所提供

鼓形平面展现出比传统矩形学习单元更大的灵活性与自由度，更有利于单元课室里面的多样化的教学模式。课室经过连接后产生的富有韵律的折曲线与各层楼板在内庭院一侧的自由曲线间形成的线性活动场地，为小朋友们在课间提供了一个富有活力的半户外活动场地。

3.2.1.4 地景设计

建筑师利用了场地北高南低的条件让每层的三排课室从南往北各有一米的高差，在"E"形平板上产生了爬升的地景式行进体验。最终，两个"山谷"庭院中各有两道连接庭院两侧不同楼层的阶梯式花园廊桥，在"山谷"的上空悬置了一份独特的观赏和游戏体验（图3-2-9）。

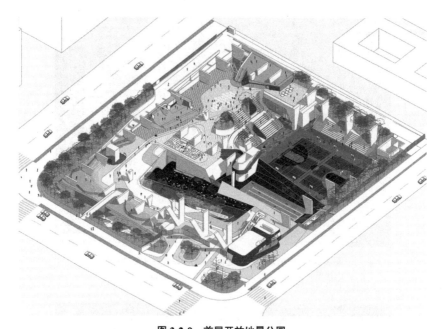

图 3-2-9　首层开放地景公园

图片来源：源计划建筑师事务所提供

　　"山谷"庭院、上下错动的水平层板、疏松的细胞组织以及有机的绿化植入系统均是项目中回应高密度和亚热带的南方气候的建造策略（图3-2-10、图3-2-11）。而更为重要的是，建筑师希望通过红岭实验小学的建造过程和结果进一步探索高速发展之后的高密度城市里公共性设施的全新空间范式（图3-2-12、图3-2-13）。

图 3-2-10　北侧山谷庭院中的户外剧场

图片来源：源计划建筑师事务所提供

图 3-2-11 山谷庭院中的丛生冬青

图片来源：源计划建筑师事务所提供

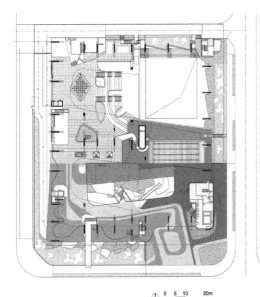

首层平面图

图 3-2-12 首层平面图

图片来源：源计划建筑师事务所提供

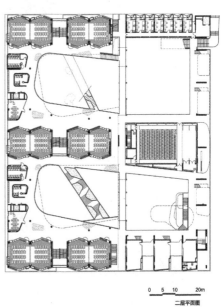

二层平面图

图 3-2-13 二层平面图

图片来源：源计划建筑师事务所提供

3.2.2 高容积率下的流动院落——深圳前海三小

深圳前海三小（现名为深圳南山实验教育集团荔湾小学）坐落于深圳南山区大南山脚下，位于月亮湾大道以东，前海路以西，港前路以北，基地北侧紧邻居住小区。校园总占地面积为13048平方米，在起初的公开招投标中，办学规模要求是24班的小学，由于周边学位数量的严重紧缺，最后班级数量调整至不小于36个，因此最终总建筑面积为33200平方米，容积率1.7，远超深标规定的合理的小学容积率0.8。在如此高的容积率条件下，如何营造健康轻松、舒适开放的立体校园空间成了设计的关键（图3-2-14、图3-2-15）。

项目信息：
建筑师：深圳大学建筑设计研究院有限公司
地址：深圳南山区前海路
建筑面积：33200平方米
项目年份：2018年

图 3-2-14　沿运动场透视（一）
图片来源：蔡瑞定提供

图 3-2-15　沿运动场透视（二）
图片来源：蔡瑞定提供

1.布局策略

设计首先从学校与周边的城市环境关系入手，形成了东西纵向的"教学办公＋生活运动"功能模式，动静分区明确。运动场布置在用地西侧，有效隔离城市主干道月亮湾大道货柜车等车行噪音；风雨操场面向南侧港前路且紧邻运动场布置，方便学生使用的同时也减少对教学楼的干扰；主要教学楼布置在基地安静的南北两侧，东侧中部布置非正式与半正式的功能教学空间；教工宿舍、学生食堂等生活区布置在西北侧，与运动场紧邻，形成了相对独立的生活运动区。基于高容积率的特殊性，为了土地集约高效，校园建筑以"金角银边"的原则沿边展开布置，同时将能容纳300人的多功能报告厅置于地下，释放更大的庭院地面空间，使得每栋建筑单体享有良好采光、自然通风和优越的视线与日照间距（图3-2-16、图3-2-17）。

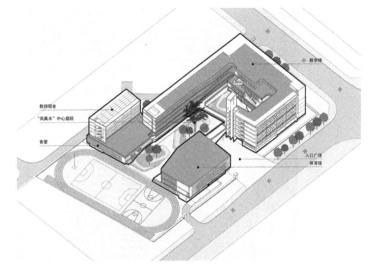

图 3-2-16 功能分区
图片来源：蔡瑞定提供

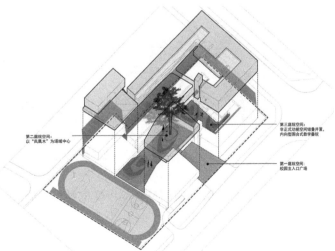

图 3-2-17 校园从西往东看
图片来源：蔡瑞定提供

2.多重庭院

根据场地的适应性，各个不同的建筑单体，形成了三个不同尺度和功能的庭院空间（图3-2-18、图3-2-19）。

图3-2-18　第二庭院
图片来源：蔡瑞定提供

图3-2-19　第三庭院
图片来源：蔡瑞定提供

通过三个差异化庭院空间在不同维度的延伸、叠加、交互、渗透，结合建筑底部架空、下沉庭院、景观绿化、廊桥平台，构建了立体、连续、流动、通透的公共空间系统，营造出了一个生动、开放、具有活力的校园庭院内界面。

3. 多重路径

建筑首层局部架空，并以连廊连接，结合学生的行为路径构成了流线型的庭院景观边界。

首层架空为校园提供一个符合南方地域气候特征的连续性遮阳避雨的场所，也可供在雨天进行体育活动。

中间联系体将面向庭院的教学办公区的外部走廊与非正式空间通过一系列的活动路径串联起来，活动路径在室内外、上下层之间相互交叠，促进人员交往、交流的发生，同时强化了分层的模糊性、垂直空间渗透性和便捷的交通联系。

地下设置交通疏导中心，在紧张的校园用地情况下为家长提供了接送孩子的空间，接送车流通过地下坡道入口进入地下环形交通岛的下沉庭院学生等候处，学生可选择使用楼梯或电梯直上首层地面再至各个教室（图3-2-20）。

图 3-2-20 地下交通疏导中心架空下沉庭院

图片来源：蔡瑞定提供

4. 场所情感

环境对于个性和才能的发展具有决定性的影响。建筑师希望学习空间无处不在，更多的多功能开放空间取代由单一长廊，不同楼层留白的空间为学生、老师提供了手工、书画、阅读的可能（图3-2-21、图3-2-22）。

图 3-2-21 图书馆室内

图片来源：蔡瑞定提供

图 3-2-22 总平面图

图片来源：蔡瑞定提供

3.2.3 传统人文环境中"绽放"前沿的学习空间——上海师范大学附属实验小学嘉善校区

上海师范大学附属嘉善实验小学包含教学楼、艺体楼、宿舍楼和书院四个部分。本项目的室内设计，在传统的江南人文环境中，大胆引入了开放、通透、互动的空间形态和架构，力图营造"以学习为中心"的前沿教育空间。

设计团队首先摒弃了原建筑"楼道+教室"的格局,将走廊的墙体全部改为通透的玻璃隔段,将一个个教室改为半开放的研讨空间,用名为"年级图书馆"的双层小中庭将上下两层的8个班连通,并将艺术和科学类教室引入到每一个年级。这些措施消除了狭长的楼道,令公共空间充满阳光,处处成为可以学习的场所,从而增强了学生和各学科老师共同研习的兴趣,形成有归属感的"学习社区"(见图3-2-23、图3-2-24)。

其次,原建筑中庭尺度巨大,与主要教室在物理空间上相对隔绝,且无教学功能。室内设计引入各层错落的多边形折曲线,软化空间边界,令中庭空间犹如"绽放"的花朵。中庭设置成为开放的图书馆,连接了戏剧教室,配以舞台灯光和音响,形成了融读书、表演、展览为一体的开放课堂。这些措施源于和立建筑实践设

项目信息:
室内设计事务所:
北京和立实践建筑设计咨询有限公司
项目完成年份:2017年
建筑面积:45000平方米

图 3-2-23 中庭的一个角度

图片来源:https://mp.weixin.qq.com/s/4hPZyQN_MD7kcNGMnc_mog

图 3-2-24 中庭的另一个角度

图片来源:https://mp.weixin.qq.com/s/4hPZyQN_MD7kcNGMnc_mog

计团队一贯的设计理念，即教育空间应当脱离简单的造型，而是植根于日常的教学活动（图3-2-25、图3-2-26）。

对于科学、美术、机器人、STEAM等学科教室，设计团队没有将各个教室"装饰"为所谓的特色教室，而是强调了高度的"通用性"和"灵活性"。例如，通过下拉电源和水池沿教室周边设置，使教师和学生可以按照自己的喜好布置活动台面，甚至课程之间互换教室。STEAM空间将干湿作业分区，使科学、技术、工程、艺术、数学等学科交叉课程的多样化安排成为可能。剧场、表演艺术教室、体育馆和游泳馆的设计也都尽可能强调多功能性，为一个新建学校提供更为广阔的发展空间（图3-2-27、图3-2-28）。

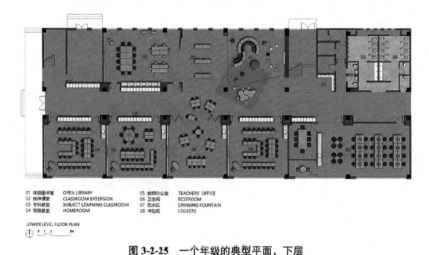

01 年级图书室　OPEN LIBRARY　　　05 教师办公室　TEACHERS' OFFICE
02 延伸课室　CLASSROOM EXTENSION　06 卫生间　RESTROOM
03 专科教室　SUBJECT LEARNING CLASSROOM　07 饮水区　DRINKING FOUNTAIN
04 班级教室　HOMEROOM　　　　　　08 书包柜　LOCKERS

LOWER LEVEL FLOOR PLAN

图 3-2-25　一个年级的典型平面，下层

图片来源：https://mp.weixin.qq.com/s/4hPZyQN_MD7kcNGMnc_mog

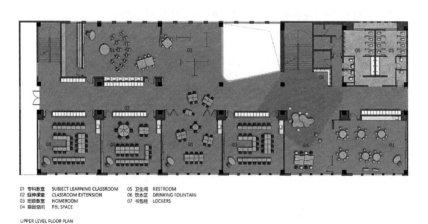

01 专科教室　SUBJECT LEARNING CLASSROOM　05 卫生间　RESTROOM
02 延伸课室　CLASSROOM EXTENSION　　06 饮水区　DRINKING FOUNTAIN
03 班级教室　HOMEROOM　　　　　　　07 书包柜　LOCKERS
04 项目空间　PBL SPACE

UPPER LEVEL FLOOR PLAN

图 3-2-26　一个年级的典型平面，上层

图片来源：https://mp.weixin.qq.com/s/4hPZyQN_MD7kcNGMnc_mog

图 3-2-27　年级图书馆

图片来源：https://mp.weixin.qq.com/s/4hPZyQN_MD7kcNGMnc_mog

图 3-2-28　集表演、展陈、集会功能为一体的中庭二层

图片来源：https://mp.weixin.qq.com/s/4hPZyQN_MD7kcNGMnc_mog

　　学校最富特色的书院采用连续三开间布局，分别开设棋、书、画三个传统文化课程，也可以联通为一个开敞的书画空间。因元代著名画家吴镇出自嘉善，设计团队选取了梅花作为书院室内空间的装饰主题，并将其住所取名为"梅花庵"。该设计使得在现代教育空间中"绽放"出传统文化的花蕾（图3-2-29、图3-2-30）。

图 3-2-29 中庭背后的学习空间

图片来源：https://mp.weixin.qq.com/s/4hPZyQN_MD7kcNGMnc_mog

图 3-2-30 STEAM 教室

图片来源：https://mp.weixin.qq.com/s/4hPZyQN_MD7kcNGMnc_mog

3.2.4 腾挪校舍——深圳梅丽小学

梅丽小学位于深圳市福田区上梅林中康路，创建于1999年9月。原校舍占地10080平方米，建筑面积8800平方米。该项目为既有学校改扩建。如何将这么多师生安置在不足7500平方米的用地上成为这一改扩建项目的最大难题。为了解决建设期间的突出问题，设计团队通过运用城市运筹学原理，克服多重压力，采用了就近使用高品质腾挪（过渡）校舍就近安置的策略（图3-2-31、图3-2-32）。

项目信息：
系统设计：香港中文大学
建筑学院朱竞翔团队
方案设计：香港元远建筑
科技有限公司
施工图设计：深圳市建筑
设计研究总院有限公司
专项复核：奥雅纳 (Arup）
工程顾问有限公司
工艺设计：深圳市元远建
筑科技发展有限公司

图 3-2-31　深圳梅丽小学临时校舍建设现场（一）

图片来源：https：//mp.weixin.qq.com/s/CsXV1SlGIybelwVj747Ymw

图 3-2-32　深圳梅丽小学临时校舍建设现场（二）

图片来源：https：//mp.weixin.qq.com/s/CsXV1SlGIybelwVj747Ymw

　　在学校建设期间，因校园内部的教学活动与施工的交叉腾挪，给该项目带来以下诸多困难：

　　（1）规划设计难。交叉腾挪成为校园规划的限制条件，难以产生理想方案。

　　（2）施工空间狭小。施工多利用体育活动场地进行，导致建设期间学生无体育及休闲场地，不利学生全面发展；在狭小的校园内交叉腾挪，使得施工作业面小、工期长，导致施工的粉尘、噪音等污染对学生产生持续恶劣影响，极大影响教学质量和学生身心健康；施工场地狭小、施工管理水平参差不齐，以及学生天性好探索等因素，很难保证施工期学生的安全。

　　（3）环保压力大。内部交叉腾挪往往导致从校舍建成到使用的过渡时间短暂，使得施工结束后装修污染未达标学生就被迫搬入，对学生健康产生不良影响。

如何能在长达两年的建设期中，让学生老师们免受施工困扰？如何让过渡校园成为学生们的美好记忆？让建造实施成为城市的文化事件、创新之举？深圳梅丽小学腾挪校舍给出的答案是使用高品质轻型建筑产品，利用城市零星土地资源，提供高品质的过渡期校舍，也为城市未来发展描绘全新图景。

1. 设计新颖

在面积有限的场地中，东西南北四个直截了当的形体呈现了强有力的形态。未来这里将是具有宜人多变外部空间的校园。

教室格局方正，简洁易用。它的空间高大、色彩宜人、景观通透、通风良好，而灵活多样的座位布置、黑板讲台、细致的泛光处理更显示设计的细腻巧妙。校舍多为结构性用材、选材讲究、全新室内没有气味。来访者现场可以清晰地看到工人们组装的过程，没有漆、很少胶，也无需焊接，只需要按照设计图纸，将材料用螺帽固定即可。工地也井然有序、十分整洁（图 3-2-33、图 3-2-34）。

图 3-2-33　深圳梅丽小学临时校舍的结构体系

图片来源：https://mp.weixin.qq.com/s/CsXV1SlGIybelwVj747Ymw

2. 品质过硬

腾挪校舍完工后不久，超级台风"山竹"侵袭大湾区，香港沿海地段记录到了最高持续风速达每小时 170 公里，最高阵风每小时 216 公里。狂风暴雨对于自重轻的房屋无疑是严峻考验，可喜的是梅丽小学腾挪校舍交出了一份满意答卷。

由于南楼围护面已经安装完成，大风从东面与南面直接施压两侧小楼。2018年 9 月 16 日中午，场地内一颗胸径 30 厘米的大树被掀翻，附近的临时用房屋顶被吹出大洞，施工临时围挡也被吹得七零八落，上梅林地铁站附近也有多棵大树被飓风推倒，一片狼藉。而梅丽小学腾挪校舍却岿然不动、完好如初（图3-2-35）。

图 3-2-34　深圳梅丽小学临时校舍建设现场
图片来源：https：//mp.weixin.qq.com/s/CsXV1SlGIybelwVj747Ymw

图 3-2-35　台风山竹对街道的破坏
图片来源：https：//mp.weixin.qq.com/s/CsXV1SlGIybelwVj747Ymw

3.多元创新

梅丽小学腾挪校舍使用了新型的结构机制，使用梁柱框架与剪力结构混合受力，属于轻型钢结构，它的自重仅为传统钢筋混凝土项目自重的五分之一，从而对场地、基础的要求大为降低。它的构件标准通用，允许多次重复使用，重复使用率高达95%，十分符合环保、无公害、低环境影响的时代要求。建筑由标准模块单元组合而成，允许校方灵活使用，只需要调整围护体、隔断及家具就可变化出大班制或小班制教室，音体教室或多功能教室，办公室或医务间，还可以做学生或教工宿舍。当梅丽小学过渡使用后，校舍还将会异地重建，为其他有需要的学校提供优质教学空间（图3-2-36～图3-2-38）。

图 3-2-36　学校正门

图片来源：https://mp.weixin.qq.com/s/CsXV1SlGIybelwVj747Ymw

图 3-2-37　连廊效果

图片来源：https://mp.weixin.qq.com/s/CsXV1SlGIybelwVj747Ymw

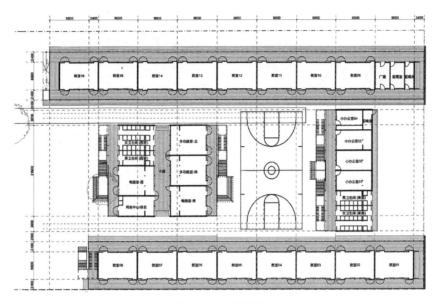

图 3-2-38　首层平面

图片来源：https://mp.weixin.qq.com/s/CsXV1SlGIybelwVj747Ymw

3.2.5　建筑在地性的探索——杭州富文乡中心小学改造

　　传统中国农村学校正在消失。杭州富文乡中心小学原校舍同中国大多数学校一样，呆板而又缺乏想象力，和自然环境更无关联。本项目的主要目标是通过适当的重建，为100多名学生提供更好的教育环境（图3-2-39、图3-2-40）。

项目信息：
位置：浙江杭州
设计公司：中国美术学院风景建筑研究院总院
主持建筑师：王伟

图 3-2-39　夜色朦胧中的校园远景

图片来源：https://view.inews.qq.com/a/20210113A01JDV00

图 3-2-40　学校与起伏远山的关系

图片来源：https://view.inews.qq.com/a/20210113A01JDV00

改建设计的灵感来自于学校儿童最熟悉的灰红色坡形屋顶山村家园和起伏山峦形象的启示：一条由爬梯、索桥、斜坡、曲廊组成的宛如蜿蜒盘旋山中小径的立体通道与竹林、果树、山花、小池交织。将位于不同标高，根据孩童尺度设计的各种主题小屋——教学、阅读、游戏、交流、探索、眺望等空间连接成一个微缩的山地村落式的魔幻立体新世界，它更像是孩子们在自然中自由成长的亲切的家（图3-2-41～图3-2-43）。

图 3-2-41　富有生机的庭院（一）

图片来源：https://view.inews.qq.com/a

图 3-2-42　富有生机的庭院（二）

图片来源：https://view.inews.qq.com/a

图 3-2-43　操场雪景

图片来源：https://view.inews.qq.com/a

　　虽地处乡野，但本项目并未采用乡土、低技的"常规"建造方式，而是在中国和全球传统建造工艺渐失，人力成本攀升的时代，试图探索将高效、经济、环保的现代预制轻型结构和适当的传统手工艺融合产生的新产物。工厂定制的多种红、紫色系列PC板外立面，结合局部碎拼瓷砖镶嵌工艺，水磨石的地面，成品的仿竹波形塑木板，自由折叠开合的门窗营造了青山翠谷间明快、缤纷，与山色、天光、清风、星空对话的儿童世界，健康、艺术、自然的生活场所。这正是孩子、老师和家长们所希望的，也正是大多数城市或乡村校园所缺失的（图3-2-44～图3-2-49）。

图 3-2-44　从室内看远山

图片来源：https://view.inews.qq.com/a

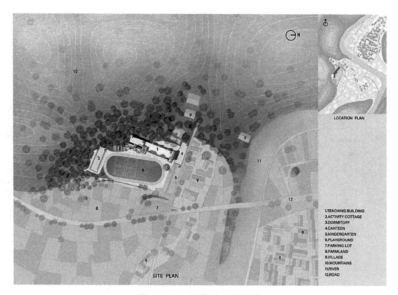

图 3-2-45　改造后总平面图

图片来源：https：//view.inews.qq.com/a

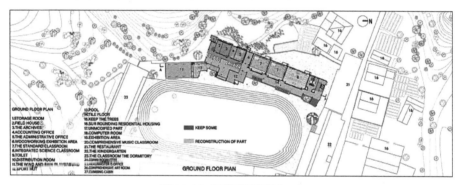

图 3-2-46　改造后平面图（一）

图片来源：https：//view.inews.qq.com/a

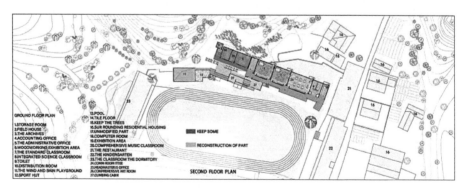

图 3-2-47　改造后平面图（二）

图片来源：https：//view.inews.qq.com/a

图 3-2-48　改造后剖面图

图片来源：https：//view.inews.qq.com/a

图 3-2-49　改造后立面图

图片来源：https：//view.inews.qq.com/a

3.2.6　复杂丰富的认知环境帮助儿童成长——杭州崇文世纪城实验学校

　　杭州崇文学校传承自杭州历史上颇负盛名的崇文舫课，自明代开始，先生带着学生在西湖泛舟上课，游走于荷花碧波之间，这种教育模式开创出一种亲近自然，自由而开放的教育理念。新时代的崇文学校，继往开来，寄望以一种新的教育空间来承载和发扬这一教育精髓。自由与开放，是自然理应具有的状态，校园设计，也应着眼于孩子们认知的天性和教育的本质。在传统教育体系中，以结果为唯一评判标准的社会价值导向，致使自上而下的教育凌驾于深耕细作的教育，教育活动渐趋单一化，这种教育模式正迫使儿童思维的丰富性逐渐丧失。儿童的认知天马行空，其特点决定了知识不会以单纯线性方式发展，而会以更为多元相互纽结的方式网状演进，对应于此，越是复杂丰富的认知环境越能更好地帮助儿童成长。

孩子们处于校园这一相对封闭自洽的环境中，可以说是一个小型的社会。个体在社会中的成长离不开学习，这个过程需要时间，也需要空间。学生在一起上学，可以通过共同的项目和相似的活动来互相影响互相学习，这种学习方式可能是近距离的印证学习，也可能是远距离的观察学习。崇文学校的设计设计师有意识地摒弃了传统的集约型线性空间模式，转而构建了更为丰富和复杂的空间架构，通过把原来扁平化的空间立体化编织，提供了更多的身体接触点和视线接触点，使学生之间获得了更多互相观察和学习的机会让这两种学习方式在校园里非常容易发生（图3-2-50～图3-2-52）。

学校中轴线上的中庭内设计了一座橘红色的"山峰"，它是一组曲折迴复，变幻多端的楼梯群，从地下生根，一直生长直贯天顶，天顶有玻璃屋盖，阳光倾泻而下，打在橘红色栏板上，使整座"山峰"熠熠生辉，晕染出温暖的光芒。这座"山峰"有不同的路径可供上下，不同的路径上会有不同的使用功能平台（比如演出舞

项目信息：
位置：浙江 杭州
设计公司：度向建筑

图3-2-50 校园外景

图片来源：https://www.zhulong.com/bbs/d/41473690.html

图 3-2-51　教学楼一角

图片来源：https://www.zhulong.com/bbs/d

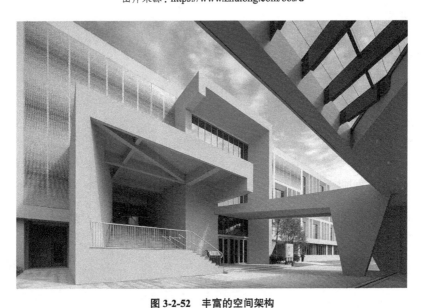

图 3-2-52　丰富的空间架构

图片来源：https://www.zhulong.com/bbs/d

台，画廊，阅读空间等）与之连接。楼梯悬空于中庭，不同组的楼梯互相分离，高低错落，当学生在楼梯上行走时，他或她的视线就可以捕捉到这个立体空间里发生的形形色色的活动，获得各种讯息（图3-2-53～图3-2-59）。

图 3-2-53　内庭院（一）

图片来源：https://www.zhulong.com/bbs/d

图 3-2-54　内庭院（二）

图片来源：https://www.zhulong.com/bbs/d

图 3-2-55　从操场看教学楼夜景

图片来源：https://www.zhulong.com/bbs/d

图 3-2-56　放大的走道带来多种信息

图片来源：https://www.zhulong.com/bbs/d

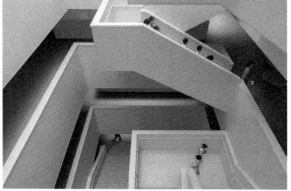

图 3-2-57　中庭内变幻多端的楼梯群（一）

图片来源：https://www.zhulong.com/bbs/d

图 3-2-58　中庭内变幻多端的楼梯群（二）

图片来源：https://www.zhulong.com/bbs/d

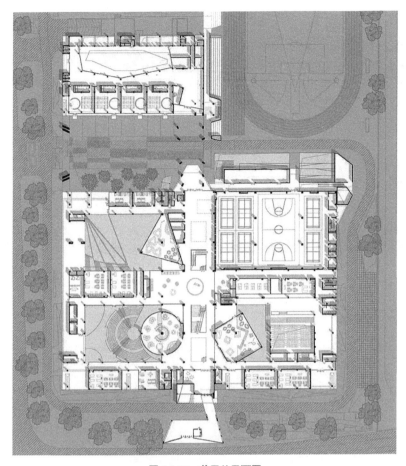

图 3-2-59 首层总平面图

图片来源：https://www.zhulong.com/bbs/d

3.2.7 回归孩童视角的校园设计——深圳新沙小学

新沙小学是深圳市规划局发起的"福田新校园行动计划—8+1建筑联展"中的一所，目的是尝试探索高密度城市中的小学校园新类型。校园占地11000平方米，在拆除的老校址上新建总建筑面积约37000平方米的校舍，容纳36个班和5间机动教室（图3-2-60、图3-2-61）。

深圳一十一建筑事务所负责了整个校园的建筑、景观和室内设计。在设计过程中，孩子们欢笑着活动的景象是设计师的一大目标。如果孩子们在日常生活中进行了快乐的活动，他们对课堂学习的专注度和积极性也自然会提高。有了这个目标，设计的方案也随之调整：能让孩子们微笑的设计应该是更接近孩子的身体和体验、能激发他们的探索心和想象力的。顺着这个思路，设计师考虑的是适合儿童的空间

项目信息：
建筑设计：一十一建
筑
地址：深圳市福田区
新洲七街 66 号
面积：37000 平方米
主创建筑师：谢菁、
FUJIMORI Ryo

图 3-2-60　轻松柔软的校园主入口

图片来源：张超，ACF

图 3-2-61　入口树形柱和"小动物"扶手

图片来源：张超，ACF

尺寸，并专注于材料的颜色和质感。这种设计方法比起建筑设计，更贴近景观设计（图 3-2-62～图 3-2-64）。

图 3-2-62　S 形教学楼布局

图片来源：张超，ACF

图 3-2-63　从街上看骑楼内的图书馆

图片来源：张超，ACF

图 3-2-64　从图书馆室内看两种开窗

图片来源：张超，ACF

设计采用了三大策略：主题游乐场、平台建筑和景观装置（图3-2-65、图3-2-66）。

图 3-2-65　南庭院绿森林

图片来源：张超，ACF

图 3-2-66　北庭院三角山丘

图片来源：张超，ACF

1.主题游乐场

孩子是天生的探索家，他们喜欢自由自在地利用空间来创造游戏，并在游戏中学习。设计师为学校设计了多样的"主题游乐场"空间，而这些主题，不是通过商业化的主题性装饰，而是通过空间形态设计来获得，孩子们在不同主题的空间里自由地开展与之相关的活动。在新沙小学的校园里，有绿森林、浮桥、巷弄、三角山丘、圆顶城堡、入口山道、天台农场等。设计师从景观角度进行建筑设计，使坚硬的建筑变得柔软，协调建筑与人的尺度，创造丰富的空间体验（图3-2-67～图3-2-69）。

图 3-2-67　锥形天窗
图片来源：张超，ACF

图 3-2-68　锥形天窗山丘下方裙楼架空层活动区
图片来源：张超，ACF

图 3-2-69   舞蹈教室，屋顶为木模板清水混凝土拱顶

图片来源：张超，ACF

2.平台建筑

教学楼通过双面走廊、阳台的设计，使楼面连通成一层层的平台。根据规范，教室临空窗台最小0.9米高，而目前新建学校窗台往往高过1.2米。小学生就算是站着也不容易看到窗外景色，教室缺乏开放感，从外面看就像封闭的盒子。因为有外阳台，新沙小学的教室窗台只有0.5米高，小学一年级学生坐在座位上也能看到窗外的都市景观，教室从而开放成为平台上的活动空间。另外，外阳台还有水平遮阳、种植绿化的作用，同时还有方便清洁外窗、检修空调等优点。

3.景观装置

新沙小学入口台阶上匍匐着几只行走中的草绿色"小动物"，既像扶手，又像雕塑，一点儿也不"建筑"。这样的"小动物"躲藏在校园大大小小的公共空间里，等着学生们找到它们一起玩，其原型来自于一十一建筑在深圳玉田村社区营造项目中设计的5个特殊形状的座凳，在城中村的都市丛林里和大家捉迷藏。新沙在此基础上发展出一共49件形态各异的景观装置（图3-2-70～图3-2-75）。

图3-2-70 平台上的景观装置（一）

图片来源：张超，ACF

图3-2-71 平台上的景观装置（二）

图片来源：张超，ACF

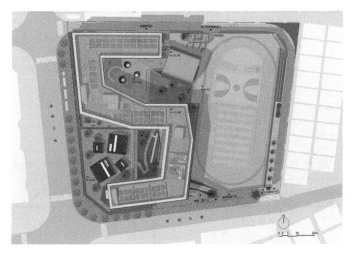

图3-2-72 总平面图

图片来源：谢菁提供

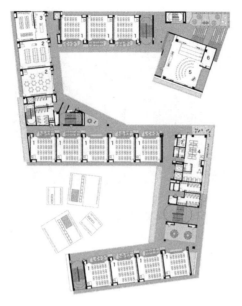

1 普通教室
2 科学教室
3 科学辅助用房
4 教师办公室
5 音乐教室
6 器材室
7 辅导室

图 3-2-73　三层平面图

图片来源：谢菁提供

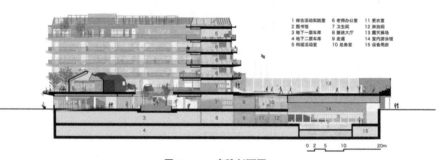

1 综合活动实践室　6 老师办公室　11 更衣室
2 图书馆　　　　　7 卫生间　　　12 淋浴间
3 地下一层车库　　8 接送大厅　　13 露天操场
4 地下二层车库　　9 走道　　　　14 室内游泳馆
5 科组活动室　　　10 总务室　　　15 设备用房

图 3-2-74　南院剖面图

图片来源：谢菁提供

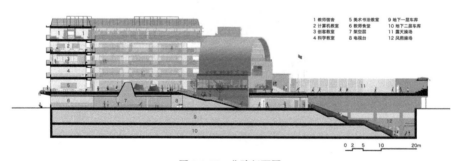

1 教师宿舍　　　5 美术书法教室　9 地下一层车库
2 计算机教室　　6 教师食堂　　　10 地下二层车库
3 创客教室　　　7 架空层　　　　11 露天操场
4 科学教室　　　8 电视台　　　　12 风雨操场

图 3-2-75　北院剖面图

图片来源：谢菁提供

3.3
小结

　　小学教育是一个国家发展的基石，建设和经营好一所可以百年树人的校园不是朝夕之事，其中一定浸润着育人者的爱心与文化底蕴的不断积累。时至今日，中国基础教育建筑的规划与设计，理应从更高更深的层面来思考和把握两者的关系。从信息共享到学习共享的校园，其空间形态既是建筑设计赋予的，也更是教育理念赋予的。从当前到今后相当长时期，小学校园的改造与建设，无论是从资金投入还是建设周期上讲，都是一个持续投入和发展的过程①。

　　我国幅员辽阔，民族众多，跨越多个不同气候区，各地的经济发展水平与教育发展水平存在较大差异，所面临的客观问题也不尽相同。因此，在不同的地区，由于教育发展阶段不同，对教学空间的设计需求不同，解决问题的方法与策略也会各有不同。然而，建筑设计总是有共通的内在规律与共同的设计价值观，本章所收录的虽然仅仅只是近来部分城市及地区的建筑师的探索与实践，却在一个层面上体现了新时代中国建筑师与时俱进及创新设计的共同趋势，也肯定可以为不同地区的建筑师提供一定的启示与参考。本章的这些案例，既是对近年来部分建筑师在小学校园规划与建筑设计的局部性与阶段性的总结，更是作为下一阶段继续开拓创新的起点与基础。

---

① 钟中 李嘉欣."用地集约型"中小学建筑设计研究——以深圳近三年中小学方案为例[J].住区，
　　2019（6）：130-140.

第4章

护航成长的中学

4.1
概述

随着新时代教育的发展，人们越来越注重对中学生人性化的教育学习理念，国家通过实施一系列的教育改革，大力推进素质教育，以促进广大中学生的全面发展。伴随着城市的高速发展，我国城市中学建设正进入一个新的发展期。如何在有限的资源和环境下实现高效合理的功能安排和空间组织，在满足学校素质教育的同时，更适应学生生理、心理健康的需要等，对中学校园的建筑设计提出了新的要求和挑战。在社会发展愈发快速的今天，如何在数量激增的同时，依然能够带来校园设计质的飞跃，是新时代中学校园设计的重要议题。

我国中学校园设计改革相对于教育教学改革来说起步较晚，发展与变革也略显滞缓，逐渐趋同于固定的范式化设计。范式化的校园设计，脱离了"以人为本"的基本原则，也不适应未来教育的新需求。因此，现代中学校园设计应避免范式，提倡多样化，以人为本，因地制宜，向更灵活、更具适应性的方向发展，以多元的途径支持与回应各地不同地域背景下不断更新的教学方法与实践。

在教育新趋势的大背景下，新的教学理念、教学方式、学习价值取向、技术水平影响着学校的教学行为、教学空间形式、运作理念等方方面面；培养更全面发展的学生的需求导致学校需要承载日益丰富的、多元的教育需求。同时，许多中学校园还面临着城市土地资源有限、老旧城区校园改造不易、适度开放后校园安全存隐患、随社区开放校园服务性功能待拓展等社会难题[①]。但挑战往往伴随着机遇，21世纪的现代中学校园在社会发展中扮演着新的角色。在当代的语境之下，不少中学也都纷纷降低门槛，放下身段，通过各种形式、空间和服务向社会公众表达开放的意愿。校园不再是传统意义上的基础教育机构，而是融合学术教育、社区服务、娱乐放松等多方面的复合场所。因此，新时代的中学校园设计应随之关注其相

---

① 米祥友.新时代中小学建筑设计案例与评析（第二卷）[M].北京：中国建筑工业出版社，2019.

应的开放，复合、弹性的空间特征需求 [①]。

　　校园开放、复合化的趋势，是新时代中学校园在不断适应世界的教育、文化、科技等各领域发展潮流，在中国土地资源有限的社会背景中不断克服自身发展矛盾的过程中的产物。其出现不仅有利于弥补校园空间单一刻板导致的资源浪费与教学不便，填补了传统课堂教育的不足，还有利于建立社区与学校的沟通纽带，延伸校园的教育功能，实现文化教育与生活的渗透互融，甚至有利于地方文化的传承，助推地区文化大环境的建立，同时为提升学校自身教育能力与扩大教育影响力提供契机。

4.2
代表性案例

4.2.1 建筑推进教育——北京房山四中

　　北京房山四中占地4.5万平方米，位于北京西南五环外的一个新城的中心，是著名的北京四中的分校区。新学校是一个避免了早期单一功能的郊区开发模式、更加健康和可持续的新城计划中重要的一部分，对周边地区的发展起着至关重要的作用（图4-2-1）。

项目信息：
设计单位：OPEN 建筑事务所
项目地点：北京市房山区
合作设计院：北京市建筑设计研究院有限公司

图 4-2-1　房山四中鸟瞰图
图片来源：https://mp.weixin.qq.com/s/3SsYYxy4IOgMIzXI1Ynyzg

---

① 赵劲松，边彩霞.非标准学校：当代复合式学校建筑"非常规构想"[M].北京：中国水利水电出版社，2018.

以创造更多充满自然的开放空间为设计出发点，加上场地的空间限制，激发了建筑师在垂直方向上创建多层地面的设计策略。学校的功能空间被组织成上下两部分，并在其间插入了花园。垂直并置的上部建筑和下部空间，及它们在"中间地带"（架空的夹层）以不同方式相互接触、支撑或连接。这既是营造空间的策略，也象征了这个新学校中正式与非正式教学空间的关系（图4-2-2）。

图4-2-2 教学楼室外夜景

图片来源：https://mp.weixin.qq.com/s/3SsYYxy4IOgMIzXI1Ynyzg

下部空间包含一些大体量、非重复性的校园公共功能，如食堂、礼堂、体育馆和游泳池等。每个不同的空间，以其不同的高度需求，从下面推动地面隆起成不同形态的山丘并触碰到上部建筑的"肚皮"，它们的屋顶以景观园林的形式成为新的起伏开放的"地面"。上部建筑是根茎状的板楼，包含了那些更重复性的和更严格的功能空间，如教室、实验室、学生宿舍和行政楼等。它们形成了一座巨构，有扩展、弯曲和分支，但整体是全部连接在一起的。在这个巨大的结构中，主要交通流线被拓展为创建社交空间的室内场所，就像一条河流，其中还包含自由形态的"岛屿"，为小型的群组活动提供半私密的围合空间。教学楼的屋顶被设计成一个有机农场，为36个班的学生提供36块实验田，不仅让师生有机会学习耕种，还对这片土地曾作为农田的过去留存敬意（图4-2-3、图4-2-4）。

两种类型的教育空间之间的张力，及其各自包含的丰富的功能，造就了令人惊讶的空间复杂性。为每类不同的功能所设计出的适合其个性的空间，使得这个功能繁杂的校园建筑具备了城市性的体验。与传统校园通常具有的分等级的

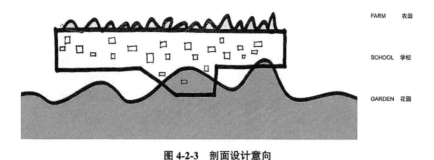

FARM 农田

SCHOOL 学校

GARDEN 花园

图 4-2-3 剖面设计意向

图片来源：https://mp.weixin.qq.com/s

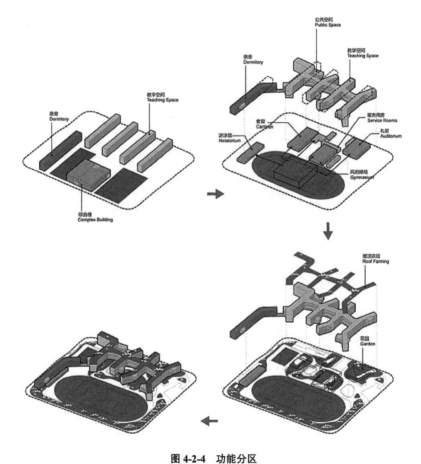

图 4-2-4 功能分区

图片来源：https://mp.weixin.qq.com/s

空间组织和用轴线来约束大致对称的建筑空间所不同，这个新学校的空间形式是自由的、多中心的，可以根据使用者的需求从任意可能的序列中进入（图4-2-5～图4-2-7）。

空间的自由通透鼓励孩子们在其中积极的探索，并期待不同个体在使用中对空

图 4-2-5　教学楼一角

图片来源：https://mp.weixin.qq.com/s

图 4-2-6　自由的空间形式

图片来源：https://mp.weixin.qq.com/s

图 4-2-7　室外大台阶——对高差的处理

图片来源：https://mp.weixin.qq.com/s

间进行再创造，希望学校的物理环境能启发并影响当前中国教育中日益多样化、个性化的发展变化（图4-2-8～图4-2-10）。

　　为了最大化地利用自然通风和自然光线，并减少冬天及夏天的冷热负荷，被动式节能策略几乎运用到了设计的方方面面中，大到建筑的布局和几何形态，小到窗户的细部设计。地面透水砖的铺装和屋顶绿化有助于减少地表径流，三个位于地下的大型雨水回收池从操场收集宝贵的雨水灌溉农田和花园。地源热泵技术为大型公共空间提供了可持续能源，同时独立控制的VRV机组服务于所有单独的教学空间，确保使用的灵活性。整个项目使用了简单、自然和耐用的材料，如竹木胶合板、水刷石（一项正在消失的工艺）、石材和暴露混凝土等。

图 4-2-8　竹园

图片来源：https://mp.weixin.qq.com/s

图 4-2-9　窗户的细部处理（一）——最大化利用自然采光通风

图片来源：https://mp.weixin.qq.com/s

图 4-2-10　窗户的细部处理（二）

图片来源：https://mp.weixin.qq.com/s

在中国当前的环境下，最迫切的问题和挑战就是人与社会之间以及人与自然之间的关系，而教育承担着巨大的责任。从这个角度上来看，北京四中房山新校区项目给出了一个极好的范例（图4-2-11～图4-2-13）。

图 4-2-11　门厅

图片来源：https://mp.weixin.qq.com/s

图 4-2-12　从室内看下沉庭院

图片来源：https://mp.weixin.qq.com/s

图 4-2-13　公共楼梯

图片来源：https://mp.weixin.qq.com/s

北京四中房山校区的校园设计与建设，符合北京四中教育理念以及当今中国（乃至世界）教育发展之趋势，这得益于设计师在勾画之初对北京四中的教育进行了长时间的充分体验与研究，方才造就了这座与传统校园有着极大差别的"新"校园。

该校园投入使用至今，其"绿色""开放"的建筑特点，与北京四中所倡导和推行的"温暖""开放"的教育理念相辅相成，相得益彰。优秀的教育要为学生建立"完整的发展系统"、"开放的学习过程"和"看得见的成长"。尤其是在贯彻百年四中"以人育人，共同发展"的教育理念上，该校园开放的建筑、自由的空间，为该校教育朝着"丰富""自由""开放"之维度的开展与推进，提供了良好的空间可能性。乃至在诸多方面，甚至可以说是"建筑推进了教育"（图4-2-14～图4-2-17）。

人的生存空间的几何形态，势必会影响到在此空间生存的人的生命状态。在北京四中房山校区，"空间教育"成了独有且优质的教育资源，"有温度的教育"正在点燃中国基础教育新的希望。

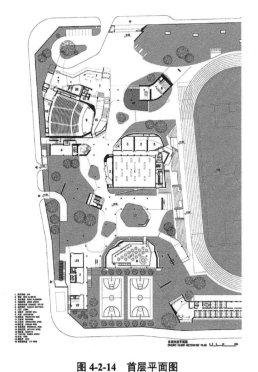

图 4-2-14　首层平面图
图片来源：https://mp.weixin.qq.com/s

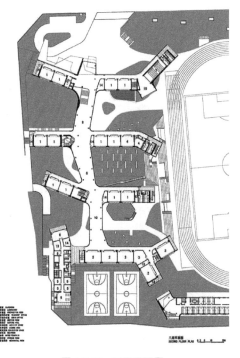

图 4-2-15　二层平面图
图片来源：https://mp.weixin.qq.com/s

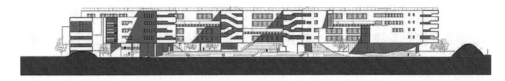

图 4-2-16　东立面图

图片来源：https://mp.weixin.qq.com/s

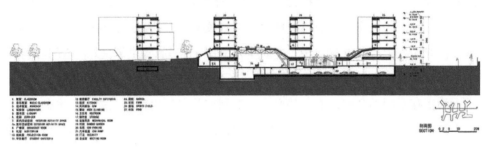

图 4-2-17　剖面图

图片来源：https://mp.weixin.qq.com/s

4.2.2 "全学科教室"——深圳皇岗中学

学校建筑是教育重装备和轻装备平台，现代教育装备的重要性已经与课程、师资、生源、经费相当。从公元1905年班级授课制引入中国后，中国的中小学校舍受当时的教育技术要求，是以黑板为代表的"冷教具"技术平台和以教师为中心的"单源单向"信息传递模型为设计依据的。这种"为黑板而建"的学校建筑称为第一代学校建筑，也称为"1.0学校"。20世纪后半叶，特别是20世纪90年代，计算机技术广泛应用于中小学教育，屏幕取代了黑板的地位，相应地出现了一种"为屏幕而建"的第二代学校建筑，也称为"2.0学校"。21世纪初，更新的教育技术以及新的课程发展，学科教室取代了普通教室和标准教室，相应地出现了一种"多源多向"的第三代学校建筑，也称为"3.0学校"（图4-2-18、图4-2-19）。

深圳市福田区皇岗中学是一所以"全学科教室"为特征的，介于"2.0"与"3.0"之间的"2.5学校"建筑。本项目的设计目标是让深圳市福田区皇岗中学有一组现代化、国际化、专业化的教学空间，让未来皇岗中学的师生的所有课程，都可以在专业的空间里进行。

皇岗中学位于深圳市福田区金田路与吉龙七街交汇处东北角。学校占地面积

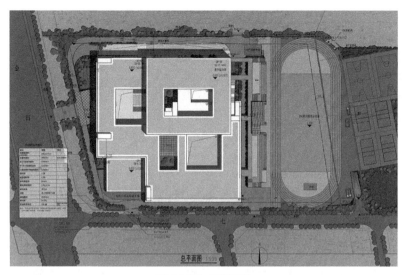

图 4-2-18 总平面图

图片来源：支宇提供

项目信息：

地址：深圳市福田区

设计时间：2019 年

规模：75980m²

方案设计团队：上海中同学校建筑设计研究院，中国美术学院风景建筑设计研究总院

合作设计院：中国建筑东北设计院深圳分院

图 4-2-19 鸟瞰图

图片来源：支宇提供

24113.71平方米，现有36个教学班。为全面提升学校功能配置，拆除现有的教学楼和功能房，在学校现有用地上重新规划。扩建后定位为九年一贯制，学校办学规模为54个班，其中小学24班，初中30班，总建筑面积约为7.85万平方米，其中计容建筑面积约6.7万平方米，不计容建筑面积约1.15万平方米。在面积的巨大需求与狭小用地之间，是通过垂直方向上将小学部与初中部立体叠加，水平方向上采用"回字内廊"来实现平衡的（图4-2-20）。

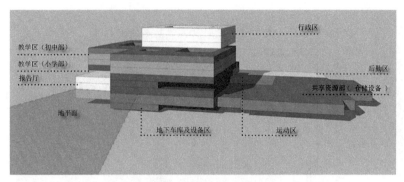

图 4-2-20　小学部与初中部在垂直方向上叠加，使用功能立体

图片来源：支宇提供

　　皇岗中学的创新多样的"全学科教室"可以充分满足选课走班的需要，标准教室内布置了多个用水点、无线网络、移动终端、储存空间、交流空间，可以同时满足教师授课、实验操作、图书阅览、电子查阅、学习交流等多种使用功能。此外，在教室的后部还附带设置了一个小空间作为教师的办公室，为学生的自主研修、问题答疑、学术交流提供便捷、专业的支持。"全学科教室"打破了不同学科和不同功能教室之间的界限，为学生多样化的学习需求提供了最大的便利和支持。（图4-2-21～图4-2-27）。

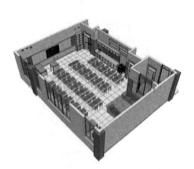
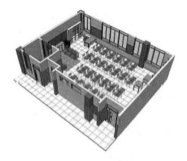

图 4-2-21　初中标准教室室内效果图——学校内部采用了全空调系统

图片来源：支宇提供

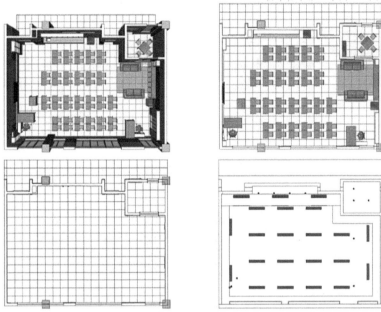

图 4-2-22 初中标准教室平面、地面、顶面图——教师办公室附设在教室的后部

图片来源：支宇提供

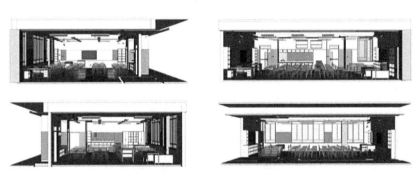

图 4-2-23 初中标准教室立面透视图

图片来源：支宇提供

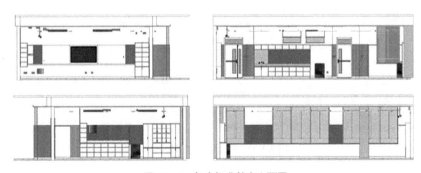

图 4-2-24 初中标准教室立面图

图片来源：支宇提供

图 4-2-25　化学教室鸟瞰图

图片来源：支宇提供

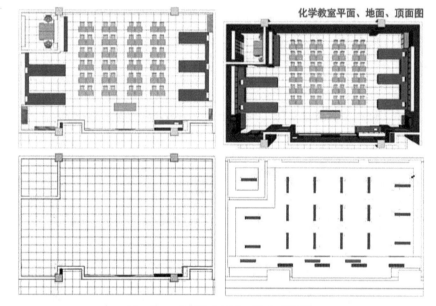

图 4-2-26　化学教室平面、地面、顶面图

图片来源：支宇提供

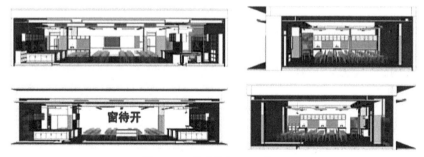

图 4-2-27　化学教室立面透视图

图片来源：支宇提供

4.2.3 与历史环境相融合——北京三十五中高中新校园

北京三十五中高中新校区位于北京新街口的八道湾胡同，用地约42000平方米，东南接前公用胡同，西北接赵登禹路，因位于11号院的鲁迅旧居而闻名。在这片北京旧城的有限空间里，不仅有需要完整保留的鲁迅旧居，南北向曲折贯穿的八道湾胡同，还有沿着前公用胡同的诸多保护院落和一些挂牌古树，保护和传承是整个设计的重点和难点。设计师通过"传承""再现"和"融合"的手法来应对挑战，创造出了独一无二、让人流连和回味无穷的校园（图4-2-28～图4-2-30）。

项目信息：
工程地点：北京市西城区　　　　　　设计时间：2008～2014年
建成时间：2015年
建筑设计：中国建筑设计研究院基础教育建筑设计研究中心
合作团队：北京市古建研究所，北京建工建筑设计研究院，北京创新景观园林设计有限公司

图 4-2-28　校园整体鸟瞰图（一）

图片来源：https://bbs.zhulong.com/101010_group_201806/detail38025331

图 4-2-29　校园整体鸟瞰图（二）

图片来源：https://bbs.zhulong.com

图 4-2-30　校园外景

图片来源：https://bbs.zhulong.com

1.传承——从遵义楼到志成楼

遵义楼是三十五中原校址中的代表建筑，它见证了三十五中的历史变迁和发展。在尽可能多使用原有建筑材料和构件的原则下，遵义楼在三十五中新校园主广场东端得以复建，更名为"志成楼"，取"有志者事竟成"的意思。

历史建筑离不开其所在的环境风貌，这是文物保护的基本原则。对于校园中的历史建筑，校园就是其存在的历史环境和文化载体。新校园中复建的遵义楼（志成楼），虽非原址保护，而且建筑布局从南北向的变成了东西向，但却保留下了与三十五中密不可分的、与生俱来的血脉联系，最终形成了学校最为重要的空间轴线和文化传承（图4-2-31～图4-2-34）。

图 4-2-31　鲁迅书院

图片来源：https://bbs.zhulong.com

图 4-2-32　鲁迅书院从连廊看鲁迅书院

图片来源：https://bbs.zhulong.com

图 4-2-33　串联学校空间的连廊（一）

图片来源：https://bbs.zhulong.com

图 4-2-34　串联学校空间的连廊（二）

图片来源：https://bbs.zhulong.com

2.再现——构建空间的线索与核心

在新建的校园中，原有的八道湾胡同以不同于其他区域的石材铺地凸显出来，不仅如此，这条弯弯曲曲的胡同也是整个校园的空间脉络和文化线索。在校园布局上，不同大小的院落空间与鲁迅旧居相互呼应，延续了老北京以院落为特征的城市机理；在建筑高度和形态上，则呈现出以鲁迅旧居为中心的发散性。在形态上则是采取了一种新旧交织的手法，成为历史与现代之间的过渡。

3.融合——校园的多样性和丰富性

多元化的教学理念，不同类型的建筑形态和丰富的历史元素，造就了校园的多样性和丰富性。校园中大量的长廊、檐下空间、下沉庭院活化了建筑的边界，成为可供学生使用的开放空间。从封闭的室内房间到开放的公共庭院，从秩序的教学到活跃的交流，也体现出了中国传统书院文化与现代开放教育思想的融合（图4-2-35～图4-2-42）。

图 4-2-35　庭院内景（一）

图片来源：https://bbs.zhulong.com

图 4-2-36　庭院内景（二）

图片来源：https://bbs.zhulong.com

图 4-2-37　教室内景

图片来源：https://bbs.zhulong.com

图 4-2-38　体育馆内景

图片来源：https://bbs.zhulong.com

图 4-2-39　金帆音乐厅

图片来源：https://bbs.zhulong.com

图 4-2-40 会议室内景

图片来源：https://bbs.zhulong.com

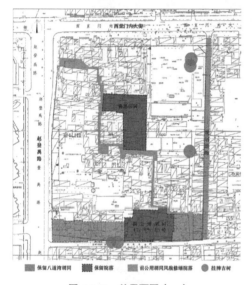

图 4-2-41 总平面图（一）

图片来源：https://bbs.zhulong.com

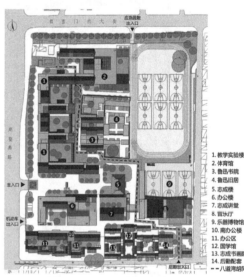

1. 教学实验楼
2. 体育馆
3. 鲁迅书院
4. 鲁迅旧居
5. 志成楼
6. 办公楼
7. 志成讲堂
8. 青水厅
9. 乐器博物馆
10. 南办公楼
11. 办公区
12. 国学馆
13. 志成书画院
14. 后勤配套
- - 八道湾胡同

图 4-2-42 总平面图（二）

图片来源：https://bbs.zhulong.com

4.2.4 重述校园故事——朝阳未来学校（北大附中）景观改造

北大附中朝阳未来学校分校校园景观改造的设计原则是：围绕学生的真实需求和体验，将传统高度分割而封闭的"刻板空间"，化解成更加开放而连续的"自由空间"。路径自由、空间打开、还路于人：把校园核心区的一条主要机动车道彻底取消，把更多路权和活动、停留的自由还给师生。

校园核心区的大草坪虽然允许进入，但因大家不习惯直接坐在草上，也没人愿意在这空荡荡的地方久留，就成为一处面积很大、利用率却较低的场所。设计师希望让所有"看的绿化"都转化为"人的空间"，就在草坪内部及道旁树周边添加了各种户外坐具，使之摇身一变成为"露天教室/客厅"，让惬意的交流随时随地发生（图4-2-43～图4-2-45）。此外，设计师还将一条原来光线昏暗、功能模糊、利用低效的楼间消防通道，在地面上铺设了跑道，墙体间嵌入功能件，将其升级为一处集跑道、休息区、宣传栏于一体的复合功能空间。其中的百米跑道成为学校利用率最高的体育训练场地之一（图4-2-46）。

项目信息：
设计方：Crossboundaries 事务所，北京
合作方：北京建筑设计研究院 - 元景景观建筑规划工作室，北京建筑设计研究院 - 第五建筑设计院
用地面积：51560 平方米
设计周期：2018 年 3 月至 2018 年 5 月
完成时间：2018 年 9 月

图 4-2-43　露天教室——校园核心区的大草坪（一）

图片来源：https://www.zhulong.com/bbs/d/41530380.html?tid=41530380

图 4-2-44　露天教室——校园核心区的大草坪（二）

图片来源：https://www.zhulong.com/bbs/d

图 4-2-45　篮球场一角

图片来源：https://www.zhulong.com/bbs/d

图 4-2-46　穿过架空层的直跑道

图片来源：https://www.zhulong.com/bbs/d

　　在朝阳未来学校的校园内，布置了一条承载着教育意味的慢跑道。这条跑道不仅提供必要的运动功能，也是一条高效利用占地的校内步行主路。它以自由形状连缀起校园各空间，与沿途的建筑、场地分别形成尺度适宜的关系。"环形"路径均等的可达性，宣示了校内所有空间的平等地位。跑道不仅成了景观语言与教育理念一致性的集中体现，还在潜移默化间，成为一名鼓励学生自在、自主决策路线与行动的"教育者"（图4-2-47）。

图 4-2-47 改造后的校园慢跑道

图片来源：https://www.zhulong.com/bbs/d

    校园围墙往往不受重视，成为极少与人产生互动的消极空间。但在朝阳未来学校的校园边缘，建筑师取消了围墙，取而代之的是一段内置了屋顶和座椅、并最大程度增加了通透性的"游廊围栏"。不仅为校园内部人员提供了非正式社交空间，也强化了校区与社区的联系，鼓励学生接触真实世界（图4-2-48～图4-2-50）。

图 4-2-48 独特的立面——理性的用色策略

图片来源：https://www.zhulong.com/bbs/d

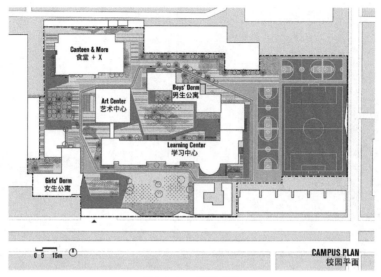

图 4-2-49　总平面图

图片来源：https：//www.zhulong.com/bbs/d

图 4-2-50　通透的"游廊围栏"取代了封闭的围墙

图片来源：https：//www.zhulong.com/bbs/d

这座校园经过改造，将之前一直被需要、但却受传统布局约束的自由空间，一步步释放了出来，并且以各种形式和尺度，相互融为一体。同时，校园空间的总体利用效率也得以提升。

4.2.5　开放式教学——深圳华中师范大学附属龙园学校

华中师范大学附属龙园学校位于龙岗镇新生地区，是一所九年一贯制的综合性校园，满足72个班约3360名学生的各项功能需求，主要为周边的社区居民服务。该项目的设计以"创造开放的教学环境"为出发点，从开放性和灵活性的原则出发，通过对空间的充分利用创造出更加丰富多彩的户外学习、生活和互动空间。在城市百米高楼的一隅，独辟出一处趣味盎然、层叠错落的绿谷（图4-2-51～图4-2-53）。

图 4-2-51　花园式的校园环境

图片来源：https：//bbs.zhulong.com/101010_group_201806heckwx=1

图 4-2-52　从操场看教学楼

图片来源：https：//bbs.zhulong.com/101010_group_201806heckwx=1

图 4-2-53　校园夜景鸟瞰

图片来源：https：//bbs.zhulong.com/101010_group_201806heckwx=1

龙园学校容积率达到1.24，在用地空间如此紧张的情况下，如何布局教学空间，满足传统教学与开放式教学兼容的需求，是设计的一大挑战。通过对中小学的教学内容、教学方式、心理特点与学习压力四方面进行研究，设计师发现充满想象力的小学生更适合多样的空间与游玩嬉戏的场所，而自我意识逐渐成熟的初中生则喜好安静的场所、偏好利于小组讨论的独立空间或在球场上运动。

因此，华中师范大学附属龙园学校的建筑规划呈L形布局，一方面将同质化的教学单元分区相对集中布置，在紧凑的间距下保证良好的日照、围合出风格各异的院落，院落并非直接落地，而是置于精彩纷呈的绿坡之上，以营造花园式的校园环境和充裕的活动场所。风雨操场紧邻室外运动场布置，与学校的教学区形成明确的动静分区；行政办公楼设置在入口，便于管理分流；食堂置入用地西南角，以利于物流运输，同时也处于深圳的主导风向的下风口，更利于气味的扩散（图4-2-54～图4-2-56）。

作为教学区和运动区隔断的空中社交廊，像一条"梦幻通道"贯穿校园整体空间，"金论坛""木舞台""水音室""火绘阁"与"土作坊"五个不同色彩的体量通过楼梯、坡道与廊道连通，同时注入平台、阶梯空间等大量多样化的交流空间，既丰富了廊道的空间形态，又降低了体育场给教学区带来的干扰。孩子们在这里漫步、

项目信息：
位置：广东 深圳
设计公司：筑博设计 - 联合公设
摄影师：吴清山、萧稳航

图 4-2-54　教学楼一角

图片来源：https://bbs.zhulong.com/101010_group_201806heckwx=1

图 4-2-55　内庭院鸟瞰（一）

图片来源：https：//bbs.zhulong.com/101010_group_201806heckwx=1

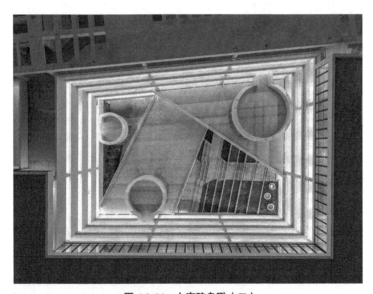

图 4-2-56　内庭院鸟瞰（二）

图片来源：https：//bbs.zhulong.com/101010_group_201806heckwx=1

玩耍、相遇、交流与讨论，使枯燥的学习成了乐趣。

华中师范大学附属龙园学校的主要空间布局划分为小学部教学楼、初中部教学楼、阶梯教室、廊道区、体育馆、操场、教工楼及食堂，不同的功能区通过台阶、坡道、小巷、连廊、院落相互连接，营造了一个功能互不干扰空间上又能便捷连通的互动教学空间体系（图4-2-57～图4-2-59）。

图 4-2-57 阶梯教室室内

图片来源：https://bbs.zhulong.com/101010_group_201806heckwx=1

图 4 2 58 空中社交廊

图片来源：https://bbs.zhulong.com/101010_group_201806heckwx=1

图 4-2-59 门厅空间

图片来源：https://bbs.zhulong.com/101010_group_201806heckwx=1

随着时代的变迁，传统的灌输式教学逐渐发展为开放式教学。开放式教学不仅需要传统的教室，也需要广阔的室外的教学场所。面对城市用地空间受限、独特的区域文化和教学环境需求多方面的问题，一所符合新时代需求的学校该如何去塑造成型？该项目的设计师交出了一份合格的答卷（图4-2-60、图4-2-61）。

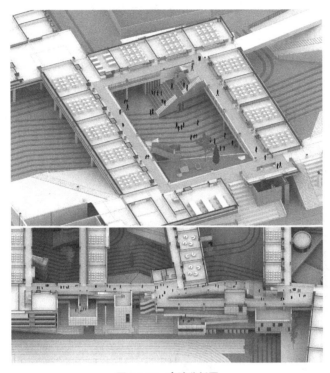

图 4-2-60　庭院分析图

图片来源：https://bbs.zhulong.com/101010_group_201806heckwx=1

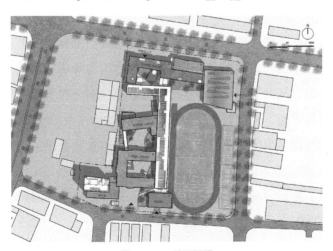

图 4-2-61　总平面图

图片来源：https://bbs.zhulong.com/101010_group_201806heckwx=1

4.2.6 "气候友好型"的设计——海口寰岛实验学校初中部

海口寰岛实验学校初中部位于海南省海口市，设计需要容纳1200多名学生，包括24个班级的教学教室、兴趣活动室、学生宿舍和食堂等。由于场地位于市区内，周边的高层住宅建筑对场地形成了较强的包围感和压迫感。因此在平面布局上强调建筑的向内性，操场位于场地中心，教学楼与宿舍楼各位于场地南北两侧集中布置。教学楼内通过建筑体量对空间的划分，进而创造出一大一小两个庭院，形成了丰富的校园空间层次与视线联系（图4-2-62）。

项目信息：
位置：海南海口
规模：24班，1200多名学生
设计公司：迹·建筑事务所（TAO）

图4-2-62　校园夜景图

图片来源：https://www.zhulong.com/bbs/d/42154630.html

基于场地局促的条件，教学楼与宿舍楼均底层架空以释放出更多的地面空间并使之连续。抬升至二层的教学楼中心庭院通过大台阶与操场相联系，既是休憩交流之所，又成为面向操场的看台。教学楼的常规教室分布于教学楼的东、南两侧，形成严肃有序的对外界面，兴趣教室则分别以独立体块面向庭院展开。其中美术教室利用弧形屋顶创造均匀稳定的用光环境，音乐和舞蹈教室采用了拱形吊顶以达到良好的声学效果。建筑形态同时又是对热带气候的积极回应：架空以遮风挡雨，柱廊强化自然通风。屋顶活动平台在为学生提供了额外活动空间的同时，也减少吸热并有利于降低室内温度（图4-2-63～图4-2-65）。

图 4-2-63　从操场看教学楼

图片来源：https://www.zhulong.com/bbs/d

图 4-2-64　楼板形成巨大的遮阳效果

图片来源：https://www.zhulong.com/bbs/d

图 4-2-65　柱廊强化自然通风

图片来源：https://www.zhulong.com/bbs/d

　　学生对校园空间的使用绝非仅仅在于教学场所，更在于那些没有明确界定功能的空间。从这个意义而言，学校即是一座城市，需要提供除上课外的多重日常体验。学校应该成为学生心灵成长的场所，而非应试教育制度的机器。建筑因此寻求空间组织的丰富性，以期包容自发的活动和激发多样的事件发生，使之成为滋润自由的场所（图4-2-66～图4-2-68）。

　　中心庭院形成了具有内聚性的场地，成为集体活动的舞台；扩大的走廊形成了一系列突出、错动的半室外阳台，三两好友可在此互相张望；曲折多变的坡道与楼梯创造出富于变化的交流机会，联系竖向各层，青春的身影流连其间。此外，考虑到"体验"与"探索"也是青少年认知成长过程中的重要环节，设计师在中心庭院东侧的尽端创造了一个充满趣味的塔形空间，抽象的白色高塔外部被水景环

图 4-2-66　架空层遮风避雨

图片来源：https://www.zhulong.com/bbs/d

图 4-2-67　架空层内的大台阶

图片来源：https://www.zhulong.com/bbs/d

图 4-2-68　美术教室室内——对高侧光的利用

图片来源：https://www.zhulong.com/bbs/d

理想新校园——用建筑空间提升中国教育的未来

144

绕，内部以鲜明的色彩、竖向的空间尺度和奇妙的光线共同营造出充满想象力的体验空间（图4-2-69～图4-2-72）。

图 4-2-69　走道的复合功能

图片来源：https://www.zhulong.com/bbs/d

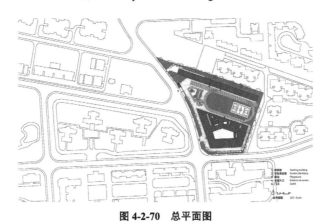

图 4-2-70　总平面图

图片来源：https://www.zhulong.com/bbs/d

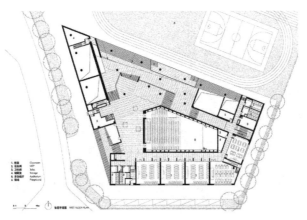

图 4-2-71　首层平面图

图片来源：https://www.zhulong.com/bbs/d

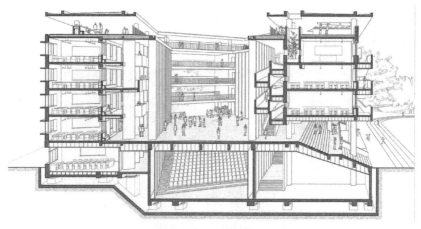

图 4-2-72　剖切透视图

4.2.7　缝合城市肌理——深圳南山外国语学校科华学校

深圳南山外国语学校科华学校位于深圳大冲区，是一座总建筑面积为54000平方米的九年一贯制学校，包含中小学普通教室、各类专业教室、图书馆、体育馆、游泳馆、演艺报告厅、教师宿舍楼、学生餐厅、教师餐厅以及专业运动操场等。南山外国语九年一贯制学校代表着长达十年的大冲旧改项目的最后一片拼图完成，同时见证了这片区域从密集的"城中村"到城市化的"垂直森林"的巨大变迁（图4-2-73～图4-2-75）。

项目信息：
位置：广东 深圳
规模：54000 平方米
方案公司：Link-Arc
建筑师事务所

图 4-2-73　校园鸟瞰（一）——流动的低层线性混合体

图 4-2-74　校园鸟瞰（二）

图片来源：https://www.zhulong.com/bbs/d

图 4-2-75　内庭院

图片来源：https://www.zhulong.com/bbs/d

　　校园被周边高密度的超高层商业住宅包围，可见，该校园的建设承担着在当代中国过度城市化进程中，将破碎的城市肌理重新填补、缝合的作用。自然是思维和创造力的源泉，而创造更亲近自然与开放的教学环境，是建筑师设计的出发点。特别是在容积率高昂的大涌，建筑师更体会到为师生们创造更多接触自然机会的紧迫感——这也成为建筑师创建一个水平向的、低密度校园的动力（图4-2-76～图4-2-78）。

图 4-2-76　教学楼一角

图片来源：https：//www.zhulong.com/bbs/d

图 4-2-77　下沉庭院中的垂直光井（一）

图片来源：https：//www.zhulong.com/bbs/d

图 4-2-78　下沉庭院中的垂直光井（二）

图片来源：https：//www.zhulong.com/bbs/d

　　建筑师将南山外国语学校的校园构想为一座流线型、水平向的花园，与它所服务的城市住宅群落的密集、垂直纵向感形成强烈对比。校园的设计意图是打破建筑与周边社区之间的边界，创造一个与周边社区"无缝衔接"的，由封闭、半围合和绿色开放多种空间交错而成的低层线性混合体。得益于低层教学楼的设计，这组建筑为这个过于密集的住宅社区提供了"呼吸"的机会，同时又可以把学生们从教室里吸引到室外，"回归"校园生活，重新与自然建立健康的联系。在这个巨大而平缓的架构中，蜿蜒的教学楼像不断分叉的河流，将场地分割成了六个不同品质的户外庭院，形成半私密的教学与活动的岛屿（图4-2-79、图4-2-80）。

　　与户外庭院相对应，校园建筑被设计成三层高的带状体量，它们追逐着场地中每一寸从钢筋混凝土森林（周边住宅）里透出的光，沿着整个场地东侧缓缓地延展

图 4-2-79　教学楼夜景

图片来源：https://www.zhulong.com/bbs/d

图 4-2-80　从操场看教学楼

图片来源：https://www.zhulong.com/bbs/d

至西侧。反之，在这些蜿蜒曲折的教学带之间衍生出了流动性的、序列性的户外活动空间，成了每个教学组团量身定制的庭院。在中学教学区和综合教学区，动态细长的庭院随建筑体量变化而闭合；在小学教学区和图书馆，庭院被楼梯呵护般地包裹着，抑或反过来，延伸至开阔的露天操场。同时，橘色的首层天花吊顶将校园与各个庭院联结在了一起，学生们即使在深圳多发的雨季，不用打伞就可以到达校园的每一个角落（图4-2-81～图4-2-83）。

图 4-2-81　丰富多变的走廊空间

图片来源：https://www.zhulong.com/bbs/d

图 4-2-82　室内空间（一）

图片来源：https://www.zhulong.com/bbs/d

图 4-2-83　室内空间（二）

图片来源：https://www.zhulong.com/bbs/d

这个项目意图颠覆打破传统学校的设计方式，不再将校园单纯的划分为建筑区和功能区，而是通过一系列剖面上的空间组织使得每个教室都能最大化的接触阳光和绿荫。这种策略强化出了一种错落叠加的竖向空间组织，借此生成了无止境的剖面多样性。自上而下的自然光形成了一系列的"垂直光井"，为内部的教学、游嬉、创作和互动等活动打造了极其丰富的空间形态（图4-2-84、图4-2-85）。

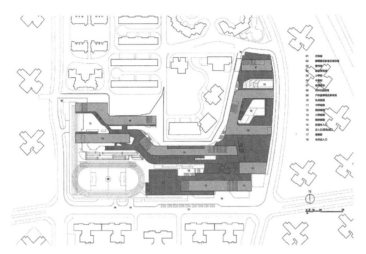

图 4-2-84　总平面图

图片来源：https://www.zhulong.com/bbs/d

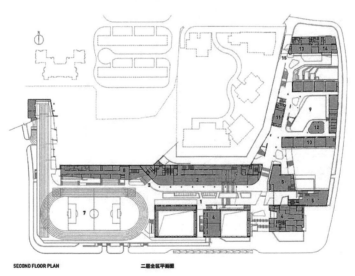

SECOND FLOOR PLAN　　　　　　二层全区平面图

1. MAIN COURTYARD 2. EXHIBITION 3. MIDDLE
SCHOOL CONNECTION 4. ADMINISTRATION
5. READING ROOM 6. DANCING 7. PLAYGROUND
8. PHYSICAL EDUCATION OFFICES 9. ELEMENTARY
COURTYARD 10. ELEMENTARY CLASSROOMS
11. TEACHERS' OFFICE 12. MUSIC 13. TEACHERS'
DINNING 14. DORMITORY LOBBY 15. ELEMENTARY
SCHOOL ENTRANCE

1. 入口庭院 2. 德育展示厅 3. 中学部连通入口
4. 行政办公楼 5. 图书馆开架阅览室 6. 舞蹈教室
7. 露天运动场 8. 体育教职办公区 9. 小学部庭院
10. 小学部教室 11. 教职办公室 12. 音乐琴游室
13. 教职餐厅 14. 教师宿舍楼 15. 小学部入口

图 4-2-85　二层综合平面图

图片来源：https://www.zhulong.com/bbs/d

4.2.8 与自然环境相融合——广东省河源市特殊教育学校

广东省河源市特殊教育学校位于广东省河源市，处于一片低层高密度的村落之中。学校的招生对象为6～12岁的有视力障碍、听力障碍、智力障碍、心理障碍等的特殊儿童。学校用地呈不规则形，西南角有一块高约10米的小山包延伸至用地西南侧约1/3范围。设计之初，计划将坡地保留，但用地北侧与南侧未来修建的规划道路会将山包铲平，场地内部的坡地则显得过小与孤立，只好作罢。由于本项目建设先于规划道路，在场地平整时需考虑与紧邻用地的房屋保持结构安全距离，因此用地在西、南、北3个方向各后退用地红线5米，使7009.9平方米的基地实际可利用的面积只剩5589平方米，容积率达到1.3，用地十分紧张（图4-2-86）。

项目信息：
设计单位 / 华南理工大学
建筑设计研究院有限公司
陶郅工作室
地点 / 广东河源
基地面积 /7009.9 平方米
建筑面积 /9383 平方米

图4-2-86 南向鸟瞰
图片来源：苏笑悦提供

特殊教育学校，是教育建筑中的一个特殊类型，旨在帮助特殊青少年完成义务教育内容，培养其自理能力，以顺利融入社会。由于缺乏正常的沟通，特殊学校学生很容易产生一系列的心理问题。除了需要教师的鼓励与引导之外，良好的交流场所与氛围也会对相互之间的沟通产生积极的促进作用。但在常见的特殊教育学校设计和日常教学中，往往以管理的便捷性为工作出发点，追求尽可能的安全。学生的行为都被安排好，在指定的场所进行指定的教育或训练。但该项目的设计团队意识到特殊教育的学生本质并不是病人，而是孩子，学校建筑在设计上应充分考虑特殊孩子的特殊需求，力求创造具有人文关怀的空间形式以诱发沟通行为的多元化产生，使学生之间、师生之间产生更多课堂之外的互动。使孩子们能在其中快乐学习、快乐游戏，从而有助于他们逐步学会接纳自我，积极面对未来（图4-2-87、图4-2-88）。

图 4-2-87 行政办公楼东立面
图片来源：苏笑悦提供

图 4-2-88 活动内院
图片来源：苏笑悦提供

学校招生对象大多来自于周边村落。蜿蜒的村道、紧密排布的小房子是孩子们最早接触到的村落元素。设计从村落原型入手，将整个校园体量打散，根据使用功能将学校划分为若干个小体量建筑：1栋宿舍楼、1栋行政办公楼、3栋教学楼与架空的主入口大门。在规划上，为降低用地北侧规划道路形成的噪声，设计团队将宿舍及行政办公楼临路布置，3栋教学楼则置于相对安静的南侧。各功能体块贴合用地形状靠外布置，隔绝外界不良因素并围合成内向的活动院落。体量之间拉开距离，使整个场地南北、东西形成空间互通，适应南方湿热气候，利于舒适微气候的营造（图4-2-89、图4-2-90）。

图 4-2-89　下沉舞台

图片来源：苏笑悦提供

图 4-2-90　螺旋共享坡道丰富内院空间形式

图片来源：苏笑悦提供

村落民居普遍为2-3层的砖混结构房屋，浅色调的立面、临时加建的坡屋顶形成学生最初"家"的直观印象。为保留孩子们心中"家"的记忆，各功能体块采用坡屋顶形式，形成一栋栋的"小房子"。坡屋顶的具体形式略作变化，使每栋"小房子"都独一无二，增加建筑辨识度。建筑的东西立面开窗也参考周边民居风格，以自由散落式的同尺度方洞予以呼应，并体现出十足的现代感。小尺度的体量、错落的布局与周边村落空间遥相呼应，学校成为村落的延续，村落空间到校园空间形成自然过渡，建筑形式与周边民居融为一体，改变传统学校严肃紧张的建筑形象，以亲切温馨自然的方式融入周边村落，以此来增强学生对校园空间的认同感与归属感，为沟通行为的产生营造适宜的空间氛围。

"游戏"的特质存在于每个孩子身上，也是沟通最重要的形式之一。设计团队将孩子们喜爱的"滑梯"原型纳入到校园设计中，在活动内院中心设置一条螺旋上升的共享坡道，结合蜿蜒的连廊将所有楼栋联系为一体。坡道宽度拓展到3米，满足交通与交流的同时发生。这里不仅是连接主入口到二层教室的交通路径，更是学生嬉戏玩耍、交流互动的多功能场所，深受学生喜爱。坡道的中心是圆形下沉小舞台，供户外授课或表演使用。表演者在舞池中演出，观众可坐在舞池的台阶上，也可随坡道环绕站立。为了让视野更加开阔，坡道及室外连廊栏杆材料选择了透明的6毫米+6毫米双层夹胶安全玻璃。玻璃高度1.2米，加上连廊2米高反边，栏杆总高度达到1.4米，超过了大部分学生的头顶，在保证安全的前提下，给处于不同楼层高度的学生之间的对话提供可能（图4-2-91～图4-2-93）。

图 4-2-91　从主入口看内庭院

图片来源：苏笑悦提供

图 4-2-92　美术教室室内

图片来源：苏笑悦提供

图 4-2-93　图书阅览室天窗采光
图片来源：苏笑悦提供

在广东省河源市特殊教育学校这个项目中，村落的环境、用地与投资的紧张给设计带来很大挑战，但特殊的限制条件却使设计策略显得更加理性与特别。设计根据学生心理与生理的特点，将传统的管理优先的设计方式转变为学生优先，寻求人性化的建筑解决策略，做到理性与创新相结合，给予学生们更多的人文关怀（图 4-2-94～图 4-2-96）。

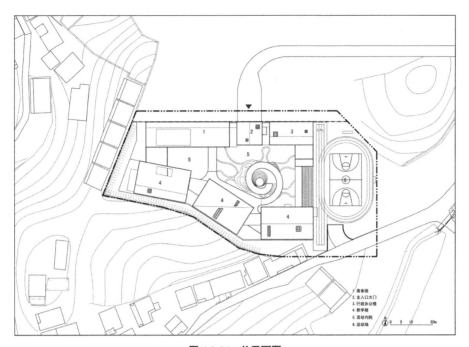

图 4-2-94　总平面图

图片来源：苏笑悦提供

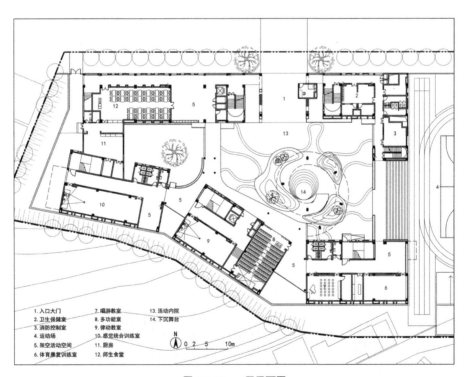

图 4-2-95　一层平面图

图片来源：苏笑悦提供

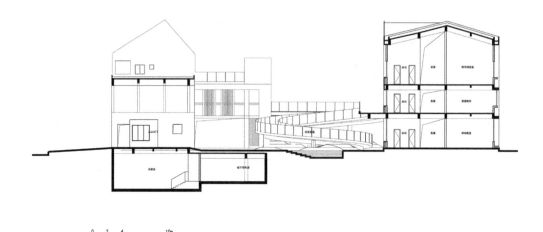

图 4-2-96 剖面图

图片来源：苏笑悦提供

4.2.9 给孩子一座山——山西兴县120师学校

位于山西兴县新区的120师学校由72班9年一贯课室，行政办公，图书馆，礼堂，图艺体等专业课室组成。随着城市化进程加快，县级生源及教育资源集中流向城市成为当前的普遍现象，当地政府希望通过改善教学环境以保证人才培养计划。雄心勃勃的项目以革命时期的一支部队命名，政府希望整合当地红色旅游资源计划的一部分，使得当地经济从依靠煤矿开采经济结构转变为更可持续发展经济模式（图4-2-97～图4-2-99）。

图 4-2-97 主入口

图片来源：吴林寿提供

图 4-2-98　东视图

图片来源：吴林寿提供

图 4-2-99　起承转伏的屋顶

图片来源：吴林寿提供

项目信息：
建筑师：WAU 建筑事务所
景观建筑师：WAU 建筑事务所
施工图单位：深圳清华苑建筑
设计
地址：山西，兴县
建筑面积：3.6 万平方米
设计时间：2013—2014 年

　　设计师希望建筑物呈现山峦起伏形象，与项目所处地理环境呼应。建筑物从地面缓缓升起，通过屋顶台阶及斜坡处理手法，建筑屋顶与地面融为景观一部分（图4-2-100）。

图 4-2-100　大厅屋顶

图片来源：吴林寿提供

课堂教育之外的活动空间，在现代教育中显得尤为重要。建筑师从中国民居中高效利用空间的典范——当地窑洞得到启发，即上一层用户充分利用下一层用户的屋顶作为生活院子。为教学楼每层公共空间均有通向屋顶的开口，在有限的课间活动时间使得学生非常便捷地使用屋顶平台空间，有效拓展学生课外活动场地（图4-2-101~图4-2-103）。

图 4-2-101　从图书馆看向室外大台阶

图片来源：吴林寿提供

图 4-2-102　大厅实景

图片来源：吴林寿提供

图 4-2-103　走廊的设计手法很干净

图片来源：吴林寿提供

借助电脑模拟，优化建筑形体及开窗形式，建筑布局让夏季风顺畅通过校园，同时有效阻挡冬季寒风；前后错动形体有利于每个房间及活动场地均能享受到阳光。建筑形式向山西民居坡屋顶形式致敬。天窗及庭院设置，在寒冷的冬季，学生们可通过在室内大厅活动感知自然变化。同时，庭院为雨水庭院，在夏季雨季时期可降低公共大厅温度（图4-2-104）。

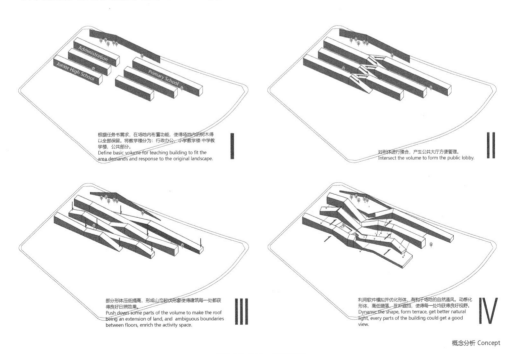

图 4-2-104　概念图

图片来源：吴林寿提供

墙体构造采用复合墙体形式，表层为山西传统材料——青砖。中间空气隔层有效避免常年温差较大的当地气候对室内舒适度干扰（图4-2-105～图4-2-107）。

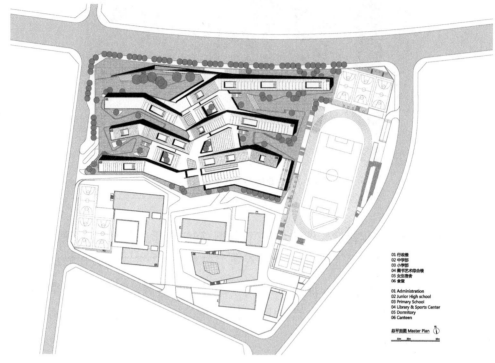

图 4-2-105　总平面图
图片来源：吴林寿提供

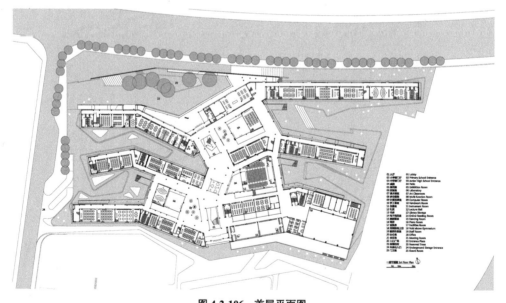

图 4-2-106　首层平面图
图片来源：吴林寿提供

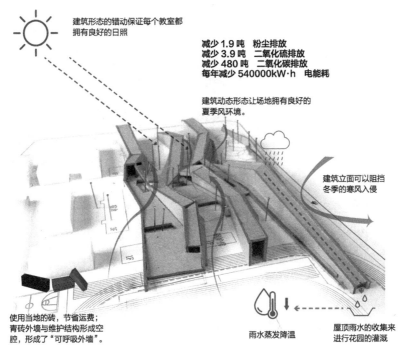

建筑形态的错动保证每个教室都拥有良好的日照

减少 1.9 吨　粉尘排放
减少 3.9 吨　二氧化硫排放
减少 480 吨　二氧化碳排放
每年减少 540000kW·h　电能耗

建筑动态形态让场地拥有良好的夏季风环境。

建筑立面可以阻挡冬季的寒风入侵

使用当地的砖，节省运费；青砖外墙与维护结构形成空腔，形成了"可呼吸外墙"。

雨水蒸发降温

屋顶雨水的收集来进行花园的灌溉

图 4-2-107　生态策略

图片来源：吴林寿提供

4.2.10 5G创新学校——南山实验教育集团前海港湾学校

　　南山实验教育集团前海港湾学校于2019年正式开学，是前沿自贸区内第一所九年一贯制公办学校，其位于深圳市南山区前海湾，南面为滨海大道，东面为怡海大道。学校主要由多层建筑和架空连廊组成，总建筑面积34925.97平方米（图4-2-108～图4-2-110）。

项目信息：
设计单位：奥意建筑工程设计有限公司
利安（顾问）中国有限公司
建造地点：深圳前海
建成日期：2018.8.15
用地面积：21671.95 平方米
总建筑面积：34925.97 平方米

图 4-2-108　校园入口

图片来源：奥意建筑工程设计有限公司提供

图 4-2-109　中央阶梯平台

图片来源：奥意建筑工程设计有限公司提供

图 4-2-110　外围普通教室（一）

图片来源：奥意建筑工程设计有限公司提供

　　总体布局采用了阶梯式平台设计概念。由于学校基地与车辆段上盖平台和周边住宅有16米高差，设计利用阶梯式平台连接0米与16米平台的学校出入口，将班级教室架于阶梯平台上，教室与平台间形成架空层作不同的活动空间。考虑小学与初中学生的年龄差距，将公共活动平台一分为二，使得各年龄层学生拥有各自分开的活动场地。将共享教学体块置于活动区域中心，自然地分隔了两侧的活动平台，形成小学和中学两个活动庭院，共享教学用房置于中央位置，方便两侧班级学生到达（图4-2-111～图4-2-113）。

图 4-2-111　外围普通教室（二）

图片来源：奥意建筑工程设计有限公司提供

图 4-2-112　不同功能的共享教学盒子（一）

图片来源：奥意建筑工程设计有限公司提供

**图 4-2-113　不同功能的共享教学
盒子（二）**

图片来源：奥意建筑工程设计有
限公司提供

　　学校立面设计分为外围普通课室与中央共享课室两部分，通过体量的变化与材质的对比，突出学校核心区标志性的公共教学及庭院空间，营造学校对城市空间的开放性以及内部空间的互动性。中央教学空间分为体量与材质各异的盒子，金属穿孔板立面突出充满活力的公共教学空间，百叶立面连通不同层次的庭院与灰空间，令整个校园活动空间和谐舒适却又充满生机与互动。

　　通过悬挑的立面绿化与遮阳飘板有效控制噪音对室内的干扰，提升教学空间的舒适性。外围立面以融入自然的大地色系为主，与城市水廊道的自然景观交相辉映，错落有致的立面绿化与遮阳飘板彰显独具一格的校园特征。

核心区特色教学用房盒子分为美术盒子、多媒体盒子和音乐盒子，三者功能独立互补，并且通过连廊、架空平台、中央阶梯平台和半开放美术展廊互动联系，形成氛围良好的校园活力热点区域。长条形班级教室体块围合内部空间，班级教室体量按年级切分，前后错落，创造更多活动及教学的灰空间（图4-2-114～图4-2-116）。

图 4-2-114　校园灰空间（一）
图片来源：奥意建筑工程设计有限
　　　　公司提供

图 4-2-115　校园灰空间（二）
图片来源：奥意建筑工程设计有限公司提供

图 4-2-116　活动庭院
图片来源：奥意建筑工程设计有限公司提供

这所学校是全国首个5G创新学校，是真正拥有5G的校园。教室内设有环境监测传感器，通过它可以捕捉到室内的甲醛、PM2.5含量、温湿度、二氧化碳浓度等空气数值，这些数据将通过和教室里的新风系统联动，在教室里门窗紧闭开空调的情况下，保持室内的空气清新。学校使用的是无尘粉笔，使用时不会粉尘飞扬，黑板所在的一整面墙内置磁性材料，所有带磁性的教具，可以根据需要贴在墙上任意位置，就像一面乐高墙一样，教与学变得灵动有趣。教室里的操作台可以根据老师或学生的身高调节高度。学校使用的是虚拟化的操作平台，通过实点触控的显示器，就可以调出老师的教学资源，每个人的资源在学校网络上都是共享的，可以随时随地地打开。VR课堂直播设备可以通过高速的5G信道，将串流视频传输到互联网络，全方位记录课堂信息，在听评课等应用场景中极大程度还原课堂。同时，在家学习的学生也能远程学习，跟进课堂的教学进度（图4-2-117～图4-2-125）。

图4-2-117　环境检测传感器
图片来源：奥意建筑工程设计有限公司提供

图4-2-118　VR课堂直播设备
图片来源：奥意建筑工程设计有限公司提供

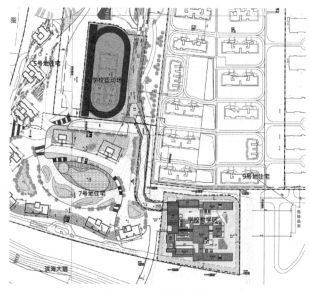

图 4-2-119　总平面图

图片来源：奥意建筑工程设计有限公司提供

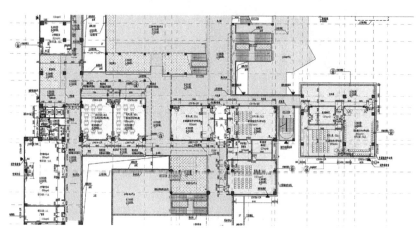

图 4-2-120　三层平面图

图片来源：奥意建筑工程设计有限公司提供

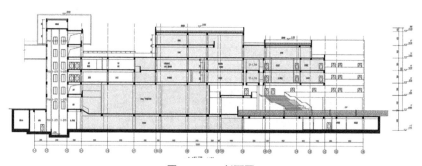

图 4-2-121　剖面图

图片来源：奥意建筑工程设计有限公司提供

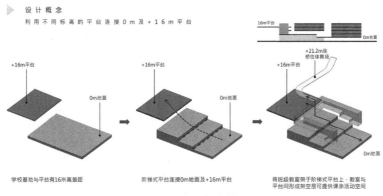

图 4-2-122　高差分析

图片来源：奥意建筑工程设计有限公司提供

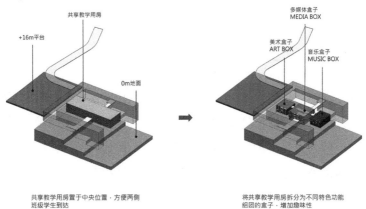

图 4-2-123　功能盒子分析

图片来源：奥意建筑工程设计有限公司提供

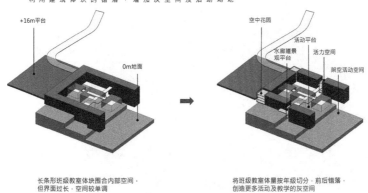

图 4-2-124　灰空间分析

图片来源：奥意建筑工程设计有限公司提供

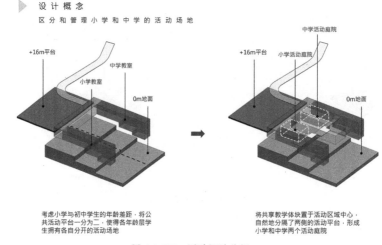

設 计 概 念

区 分 和 管 理 小 学 和 中 学 的 活 动 场 地

图 4-2-125 活动场地分析

图片来源：奥意建筑工程设计有限公司提供

4.2.11 教育无处不在——重庆南开两江中学

重庆南开中学两江校区坐落于重庆市两江新区龙兴开发区，踏入校园，随之感受到其跳出传统的空间塑造。这所中学，将个性化的教育思考融于校园环境，就像是凭空降落在地球的飞船，冲突与包容的特质恰如其分的融合，让人不免联想到在传统的教育空间之外，是否有颠覆已知的可能性。得益于校方对设计想法的极大包容，在有限的场地之下如何发挥设计的巧思，实现功能最大化的同时，提升空间使用效率与丰富校园生活，则是作为本次设计的切入点（图4-2-126～图4-2-128）。

项目信息：
地点：重庆市
项目规模：109000 平方米
设计单位：gad 建筑事务所
施工图设计：中机中联工程有限公司

图 4-2-126 校园俯视图

图片来源：https://bbs.zhulong.com/
101010_group_201806/detail42159014

图 4-2-127　基地内高差的处理

图片来源：https://bbs.zhulong.com/101010_group_201806

图 4-2-128　教学楼一角

图片来源：https://bbs.zhulong.com/101010_group_201806

　　本部的校园教学楼呈现围绕操场布局的状态，经推敲得出这种布局之下的校园空间尺度更为充裕，设计之中也在延续南开中学本部的空间逻辑。然而基地范围内，高差、噪声、用地范围均构成了设计的限制因素。在综合考虑空间效率的同时，南开中学校园文化中开放、进取的精神也无一不在影响着对校园设计的思考（图4-2-129~图4-2-131）。

　　中学的课程安排通常是紧密的，对于学生和老师来说，空间的高效性与他们息息相关，在短短的10分钟课间，他们需要短暂休息和为下一堂课做准备。为实现

图 4-2-129　校园夜景（一）

图片来源：https：//bbs.zhulong.com

图 4-2-130　校园夜景（二）

图片来源：https：//bbs.zhulong.com

图 4-2-131　将自然引入校园

图片来源：https：//bbs.zhulong.com

高效的转课路线，外环教室之间采用连续清晰的交通流线，内环教室的路线则相对自由模糊，使得高效与趣味在空间行走中切换自如（图4-2-132～图4-2-135）。

传统的校园中，自然与教育像是两个独立的系统，天然的被阻隔，而建筑师希望将自然引入校园。环形教学楼外是如同森林的状态，隔离城市的喧嚣，环内设置中心花园，叠落起伏，同时充分确保内外的通透与关联。沿外环和内环分布着大小不等的教学空间，环形外圈的教室在流线上更强调效率，内部一般是活动性比较强的选修课教室，自由错落分布。

图4-2-132　从内庭院看教学楼——竖向格栅遮挡黑板区直射光线

图片来源：https://bbs.zhulong.com

图4-2-133　模数化顶棚

图片来源：https://bbs.zhulong.com

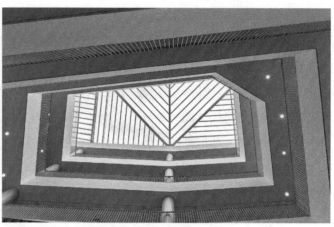

图 4-2-134　内庭院

图片来源：https://bbs.zhulong.com

图 4-2-135　内部空间构造（一）

图片来源：https://bbs.zhulong.com

动静有致的校园，成为课间10分钟的活力催化剂。内庭院犹如峡谷般的高低起伏，学术报告厅和礼堂则顺势而建，场地中不乏生态气息，内圈模数化顶棚为场地带来了必要的光线控制，整体立面则采用竖向格栅遮挡黑板区直射光线，这样的方式也为空间加入些许律动。

课堂之外，原本安静的校园即刻焕发活力，学校内设有足球场、篮球场等体育场地，环形建筑的楼顶同样也是一条628米长的慢步道，同学们在收获知识的同时，身体、个性、思想也得以塑造成长。除此之外，庭院内还分布诸多"模糊空间"，设计师在完善教学功能、课下生活场景及景观空间的考量之外，特意将一些场所留白，等待使用者去发现和激活，创造未知的"活力据点"（图4-2-136～图4-2-141）。

图 4-2-136　内部空间构造（二）

图片来源：https://bbs.zhulong.

图 4-2-137　内部空间构造（三）

图片来源：https://bbs.zhulong.

图 4-2-138　遮阳细部

图片来源：https：//bbs.zhulong.

图 4-2-139　屋顶跑道

图片来源：https：//bbs.zhulong.

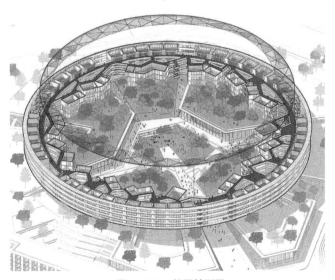

图 4-2-140　校园轴测图

图片来源：https：//bbs.zhulong.

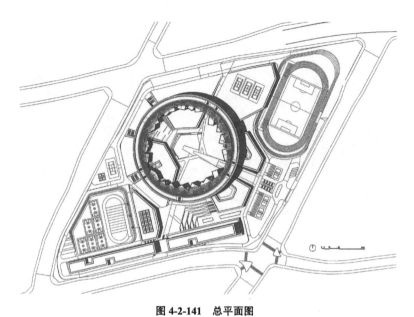

图 4-2-141　总平面图

图片来源：https://bbs.zhulong.

4.2.12 模块化校园的探索——江西景德镇圣莫妮卡国际学校

　　江西景德镇圣莫妮卡国际学校由多个"集装箱式样"的装配式单元组成，建设周期六个月，建筑面积11705平方米。建设规模为12班的国际私立学校（图4-2-142～图4-2-144）。

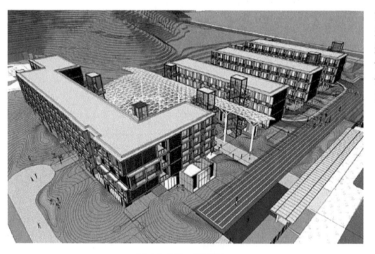

项目信息：
地点：江西省景德镇市
规模：11705 平方米
设计单位：中集建筑设计院有限公司
图片来源：张强提供

图 4-2-142　鸟瞰图

图片来源：张强提供

图 4-2-143　从庭院看教学楼

图片来源：张强提供

图 4-2-144　施工现场图

图片来源：张强提供

　　该项目希望探索在教育建筑领域中预制和模块化搭建的可能性。未来教育必将随着社会关系而变革，未来学校将是在社会中的广泛场所中发生，而装配式运用正好提供了强有力的技术支持（图4-2-145～图4-2-147）。

　　整个校园由三栋宿舍楼、一栋教学楼及首层配套功能空间组成。首层为钢结构，二至四层为模块化建筑。首层配套功能空间主要为多功能厅、餐厅、厨房、公共卫生间、无障碍宿舍、食堂、展示厅、接待及会议场所、设备用房及风雨操场等。设计使用年限50年（图4-2-148）。

　　校舍的主要预制构件于工厂制作完毕，现场直接组装，从而在短时间内保证施工的高效精准，同时也保证了建筑质量。通过喷涂弱化标准预制模块的冰冷感，丰富绚烂的色彩选择，配合同学们奔放自由的想象力，极大地拓展天性，让同学们活

图 4-2-145　箱式单元运输图

图片来源：张强提供

图 4-2-146　箱式单元吊装图

图片来源：张强提供

图 4-2-147　宿舍室内实景

图片来源：张强提供

图 4-2-148　教室实景

图片来源：张强提供

泼的天性贯穿整个学习过程。

　　设计师希望通过此项目进一步思考的是：一所学校是否可以完全由模块组成，并形成独具魅力的建筑体和真正符合使用者需求的空间（图4-2-149～图4-2-157）。

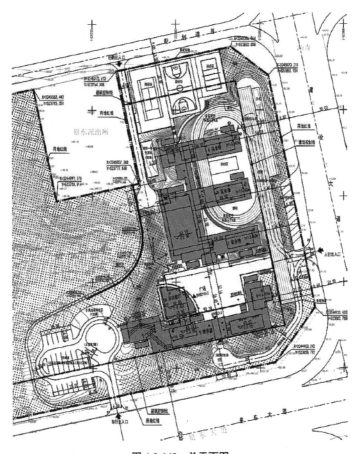

图 4-2-149 总平面图

图片来源：张强提供

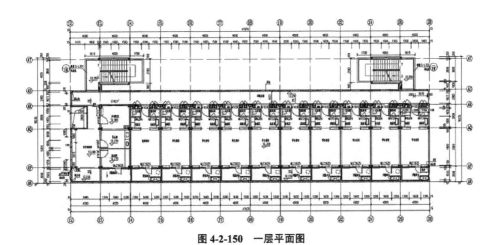

图 4-2-150 一层平面图

图片来源：张强提供

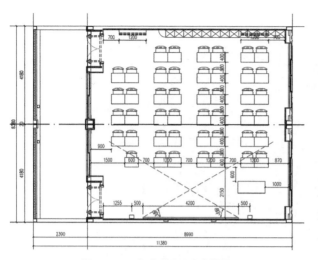

图 4-2-151 标准教室平面布置图
图片来源：张强提供

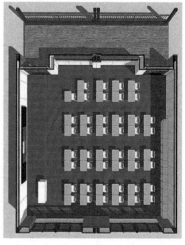

图 4-2-152 标准教室顶视图
图片来源：张强提供

图 4-2-153 标准教室剖切效果图（一）
图片来源：张强提供

图 4-2-154 标准教室剖切效果图（二）
图片来源：张强提供

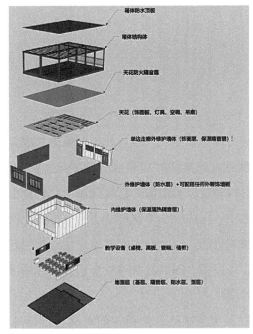

图片内标注（从上到下）：
储体防水顶板
墙体结构体
天花防火隔音层
天花（饰面板、灯具、空调、吊扇）
单边走廊外维护墙体（饰面层、保温隔音层）
外维护墙体（防水层）+可搭配任何外装饰墙板
内维护墙体（保温隔热隔音层）
教学设备（桌椅、黑板、窗帘、储柜）
地面层（基层、隔音层、防水层、面层）

图 4-2-155　学校标准教室——分解图

图片来源：张强提供

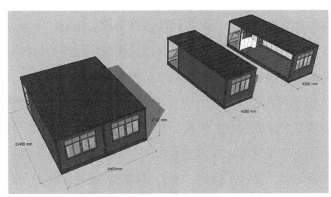

图 4-2-156　学校标准教室——模块组合图（一）

图片来源：张强提供

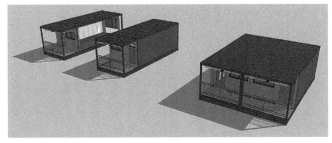

图 4-2-157　学校标准教室——模块组合图（二）

图片来源：张强提供

4.3
小结

　　当代正是中国教育变革愈发深入，中学教学环境迫切需要转变的时期。作为教育改革风向标的高考制度，每年都有或多或少的变化，影响教育启蒙的"9+3"教学体制是否有所改变有待考量，类似国外已有的职业化教育引导是否更适合中国未来社会发展也在探索之中。国内中小学设计是否具有标准化设计、工业化制造、装配化施工、一体化装修的可能，以及是否能够通过信息化管理发展为智慧校园，这些可能性都有待验证。可以说，国内教育与教育建筑设计领域都处于充满未知同时也充满潜力与能量的时期[①]。

　　新趋势下的中学校园发展机遇，值得我们对其长远发展进行更深入的设计思考。例如：小型社区学校的规模是否更能适应教育发展与地区资源均衡性发展的需要？传统的独立封闭性建设模式，是否有利于现代开放校园的长期发展？对传统功能固守的单一化标准教室空间是否仍应占据学校主体定位等等。这些都促使我们需要在校园设计中进行不断实践与探索，无论在校园设计的何种关注点上有所尝试与突破，都是现代中学校园设计探索路上的极大进步与发展。

　　作为新时代中学教育建筑的设计者，我们应同时自觉兼顾教育探索者的身份，保持高度敏锐的嗅觉，紧跟社会、教育、义化、科技的发展潮流，对教育与教育建筑及其间的联系予以更多思考，并通过多样性、多样化校园设计的手段，为教育改革提供理论和实践的多元途径。同时，我们期待通过文化、教育、设计、建造、管理等各领域的参与及合作，可以更坚定的保持以人为本的理念，创造出学习空间更加丰富多元、因地制宜、与时俱进的校园，以支持意义更加宽泛的涵盖学生、社区、地区的公共教育和学习的"大校园"。

---

① 周崐，李曙婷.适应教育发展的中小学校建筑设计研究[M].北京：科学出版社，2018.

第5章

国外的学校建筑

5.1
概述

　　学校建筑是学校教育的物质载体，为学生的身心发展提供了物质保障。当前西方国家高度重视学校建筑的革新，在整合教育、建筑等理论并进行实证调研的基础上，进行了一系列的学校建筑改革尝试，建成了一大批富有各国特色的学校建筑。21世纪初，美国形成了"重建美国学校联盟（Rebuild America's Schools Coalition）"，对全国学校建筑进行评估与重建，提高学校建筑的质量，通过改善教学和学习环境，增强学生的学习效果；英国"建造面向未来的建筑（Building Schools for the Future）"计划，更是雄心勃勃地宣称将重建和翻新本国3500所中等学校；挪威、瑞典、澳大利亚等国家已经将学校建筑设计的新理念付诸实践。西方国家将学校建筑作为学校教育改革的载体，试图从改革学校建筑入手，推动学校环境的变革、教学的改变，进而推动教育的整体变革，形成面向未来、面对挑战、面对多元文化群体的总体改革思路。通观近年来国外学校建筑的建造，主要呈现以下六个特征[①]：

1.迈向新时代的学校建筑理念

　　学校建筑设计涉及建筑学、人类工效学、生态学、心理学、学校卫生学、课程理论、学习理论等领域，是一个跨学科的综合课题。当前，迈向协同式设计（Collaborative Design）成为国外学校建筑设计中一股重要的潮流，具体表现为：提高每一位儿童和青少年的学习成就；转变思维方式，通过创造性的学校建筑设计为学习创造机会；提高学校的多元化水平，为父母提供更多的选择；满足社区的需求；充分将新兴技术与学校建筑进行整合；提供激发的、灵活的、健康的、安全的、环境友好型的学习氛围。

2.学校建筑研究内容更加丰富

　　近年来，大批学校建筑实证研究的出现，为国外学校建筑研究的科学化奠定了

---

① 何树彬.当代西方国家学校建筑改革新举措[J].外国中小学教育，2014（9）.

基础，为学校建筑设计和使用者提供了科学依据。佐治亚大学学校设计与规划实验室（University of Georgia's School Design and Planning Laboratory）是美国代表性的学校建筑研究机构，其对学校建筑的各个要素进行了深入研究。该研究机构认为学校建筑应当考虑的主要因素有色彩、光线、声音、活动、流通、循环、视野、设计、比例、位置和户外区域等。学校建筑及其构筑的空间要使师生感到愉悦、平衡、和谐，让学生感觉到友好的气氛，保持放松的心态，减少对学校环境的恐惧感和疏离感，增加心理上的安全感和归属感。在学校建筑中最为重要的因素包括五个方面，即空气、声音、光线、空间和视野。

3. 以使用者为导向的学校建筑设计

学校建筑的设计要充分倾听附近居民的声音，鼓励教师、学生的参与。首先是社区参与。在国外很多地方，学校为当地的地标性建筑，学校建筑的设计与建造是当地的一项重要公共事件。学校建筑方案不仅要进行多个学科专家的论证，还要征集当地居民的意见。学校是教书育人的地方，同时承担着服务社区的功能，是开展终身教育的重要场所，所以要吸纳周边居民的建议，为周边居民创造良好的学习环境。其次是学生参与。学生是学校建筑的主要使用者，从使用者的角度充分考虑学生的发展性需求，尤其是在幼儿园及小学学校建筑设计中要充分体现儿童的视角。费丁（Fielding）将学生参与学校建筑设计的角色分为四种类型，即信息资源的提供者、积极反馈者、协作研究者和学生研究者。通过上述四种角色发挥学生在学校建筑设计中的多重角色和能动作用。学生不仅使用建筑，而且会主动利用自己的智慧去创造学校的环境，使自己成为学校环境的主人。学校的建筑设计中可以包括学生的创意、学生的作品，可以在学校建筑中设计专门的展览室，在学校建筑以及装饰的各个细节表现学生的创造。

4. 确定学校的建筑设计理念，形成特色化的学校建筑

学校建筑是学校历史延续的物理载体，富有个性的学校建筑，是学校内涵发展的外部表征。具有特色、富有个性的学校建筑主要表现在：（1）学校建筑要凸显学校的办学理念、人才培养模式；（2）学校与所在社区有机融合；（3）考虑不同性质、不同类别、不同层次学校之间的差异。

学校建筑在建设之前都要进行这样的追问：学校的办学理念是什么，学校的教学模式、学习模式以及管理模式是怎样的，物理空间怎样更好的适合学生的发展，学校建筑设计想要达到一种什么样的效果，怎样有利于学生学习动机的激发等。

特色化的学校建筑，要充分利用所在地区的资源优势。学校建筑要避免缺乏个

性的高度同质化，要考虑教育对象和当地社区的特殊性，特别要注意对于多元文化的关注和尊重。要充分考虑城市学校、乡村学校的地区差异，普通学校、职业学校、特殊学校的类型差异。北欧国家在学校建筑的设计过程当中，会认真考虑附近居民的经济水平、文化水平、教育需求，设计富有本地区特色的学校建筑。

5.在学校建筑设计中贯穿生态化理念

生态化是西方学校建筑的一个主要发展趋势，主要表现在学校建筑的建造及维持充分利用自然界能源，降低学校建筑的能耗。学校建筑及其相关设施的维持所耗费的能源是一个惊人的数字。英国学校建筑的能量消耗占全国公共建筑和商业建筑能量消耗的15%。每年政府都要为学校支付大量的碳排放税（Carbon Tax Payment）。因此，如何在减少能源消耗的基础上提高学校建筑的使用效果，成为学校建筑设计者考虑的一个重要问题。首先是建筑材料的生态化。尽量因地制宜，充分利用当地的建筑材料，节省资源。其次是有效利用自然界的能源，如光能、热能、风能等，维持学校的运行。一些学校最大程度利用自然界的资源，根据当地的日照时间和规律，在学校的位置选择、教室朝向等方面优化学校建筑。爱尔兰的学校建筑师尽可能设计朝南的房间，通过窗户的整体运用充分吸纳自然光。教室内从上午9:00到下午3:00基本上都不需要额外照明，保持了室内光线的充足和适宜的温度，所以爱尔兰的学校建筑能量消耗逐年下降，远远低于学校建筑的一般能耗标准。自1997年开始，日本就开始建设生态学校，将新兴信息技术和建筑技术运用到学校建筑当中，如收集太阳能用于照明和供暖，大大减少了碳排放量。

6.学校建筑与多元文化有机整合，构建全纳性学校环境

注重学校建筑的多元文化色彩。英国教育部将学校建筑的目标定位在：为学生提供多样化课程；考虑学生的特殊教育需要，帮助学生顺利融入主流群体，充分发挥学校建筑的多元文化价值。如加拿大对于土著居民聚集的地方，通过设计其本民族特色的建筑，来增强少数族群子女对本民族文化的自豪感。澳大利亚西部的Djidi土著学校就试图体现其鲜明的多元文化特色，成为学校建筑设计中一个成功的案例。

关注弱势群体的发展需要。全纳学校环境的构建有利于保障身心障碍学生的权利，主要包括生理障碍、语言障碍、行动障碍、交流障碍等，赋予其同样的成长空间和机会。如在学校设置无障碍通道等，通过学校建筑传递对弱势群体关怀的全纳教育理念。而这种对弱势群体的关怀也可以成为一种有意义的教育资源，其所体现

的强烈的人文精神也会潜移默化为学校每位成员价值观的一部分^①。

5.2
代表性案例

5.2.1 梯田校园，创造大量屋顶活动空间——美国 "The Heights" 高地大楼

高地大楼（The Heights）位于阿灵顿罗斯林-巴尔斯顿走廊沿线，将H-B Woodlawn项目和Eunice Kennedy Shriver项目这两项现有的中学课程合并于一栋约16700平方米的建筑之中，可容纳775名学生。该项目坐落在市区内一片较为紧凑的场地内，三面被公路环绕，还有一侧与罗斯林高地公园衔接。设计从中轴线向外展开，形成梯田般的绿色露台，满足了阿灵顿两个县级学校计划的教学需求，同时在密集的城市环境中打造出一个垂直社区（图5-2-1、图5-2-2）。

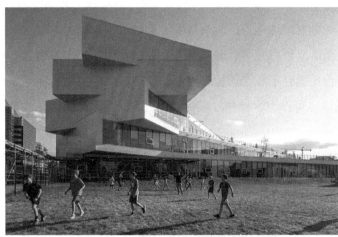

项目信息：
建筑师：Bjarke Ingels Group 建筑事务所
地址：阿灵顿，弗吉尼亚，美国
建筑面积：16700平方米
项目年份：2019

图 5-2-1　校园外景（一）——从球场看高地大楼

图片来源：https://www.zhulong.com/bbs/d/42113214.html

该项目与阿灵顿公立学校，西罗斯林地区规划局和阿灵顿社区紧密合作，在支持H-B Woodlawn的视觉表演艺术课程的同时，也为Shriver项目有特殊教育需求的学生提供了广泛的资源。

---

① 国际学校对国内中小学教育建筑设计的启示[EB/OL]. http://edu.sina.com.cn/ischool/2018-11-15/doc-ihnvukff3675284.shtml，2018-11-15.

图 5-2-2　校园外景（二）——在密集的城市环境中打造出一个垂直社区

图片来源：https://www.zhulong.com/bbs/d/42113214.html

建筑形态由五个矩形结构以沿中轴退进旋转的方式堆叠构成，保留了传统单层教学楼所拥有的社群感和空间效率。每层楼上方的绿色露台成为教学空间的延伸，为学生和教师创造了一个室内外连通的学习景观。旋转的中央楼梯穿过建筑物的内部，连接四层露台，使学生可以在室外交流，并在社区和学校之间建立起更牢固的联系。虽然较高的露台更适合于私密课程和安静的学习区，但宽敞的顶层露台和约2000平方米的休闲场地也可作为学校和社区活动的公共场所（图5-2-3）。

图 5-2-3　剖面概念设计图

图片来源：https://www.zhulong.com/bbs/d/42113214.html

从威尔逊大道出发进入高地教学楼，为满足学生和教职工的需要，会首先经过一座三层高的大厅，大厅内设有阶梯式的座椅，可作为学生和公共聚会的室内集聚场所。学校拥有许多公共空间，包括400个座位的礼堂、主体育馆、图书馆、接待处和自助餐厅，都位于中心区域，并直接与大厅相连（图5-2-4、图5-2-5）。

图 5-2-4　室内设计强调共享空间之间的视觉联系

图片来源：https：//www.zhulong.com/bbs/d/42113214.html

图 5-2-5　中庭

图片来源：https：//www.zhulong.com/bbs/d/42113214.html

学校设置了面向社区的活动，以营造宜人的环境，鼓励公众在教学楼内积极活动，同时增强共享空间之间的视觉联系。学校内还设置了专为学生使用的空间，包括艺术工作室、科学和机器人实验室、音乐排练室和两个表演艺术剧院。

教室是串联教学空间的主要元素，围绕着由电梯、楼梯和洗手间聚合形成的垂直核心区展开布局。当学生从中央楼梯进入教室区时，会看到色谱在墙面上发生的渐变：每个教室的储物柜都有各自的颜色，在发挥导视功能的同时，也营造出充满活力的社交氛围。Shriver项目为11至22岁的学生提供特殊教育，该建筑占据两层楼，从一楼可直接进入，并设有专门的空间来支持APS的功能性生活技能培训班。在保护隐私的同时，设计也能保证各空间之间的通达性，包括了体育馆、庭院、康复理疗套房和感官训练间等等，这些空间的设计都旨在帮助感觉训练和恢复（图5-2-6～图5-2-8）。

高地大楼的外墙采用白色釉面砖，以统一五层结构，并突出了以扇形扭转的教室层之间形成的倾斜角度，强调了建筑的雕塑感，以及内部的活动和能量。为了纪念周边社区和曾经的威尔逊学校，建筑的用材也选择向亚历山德里亚老城的历史建筑致敬[①]。

图 5-2-6 屋顶绿化

图片来源：https：//www.zhulong.com/bbs/d/42113214.html

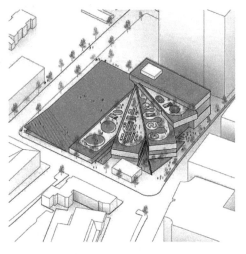

URBAN TERRACED LANDSCAPE
Each of the 4 terraces provide different scales of activity, from large gatherings to class-size discussions and quiet study areas. These terraces give the opportunity for an urban school to have a 1-story feel that otherwise would not be possible.

图 5-2-8 旋转堆叠的绿色露台成为室内教学空间在室外的延伸

图片来源：https：//www.zhulong.com/bbs/
d/42113214.html

图 5-2-7 庭院景观

图片来源：https：//www.zhulong.com/bbs/d/42113214.html

5.2.2 场所的自然教育——日本MRN幼儿保育园

项目基地坐落于日本宫崎市都城市的雾岛山山脚。业主希望将这块乡间的场地开发成一个幼儿保育园，并试图使在内部生活学习过的儿童可以在多年之后，带着

---

① 有方空间.动态的漩涡：托尔斯港Glasir教育中心/BIG [EB/OL]. https：//mp.weixin.qq.com/s/4hpFzV_nRQG-rEoX-jHhnw，2020-02-01.

彼此的玩伴儿再次回到这所保育园中。因此，建筑师在设计过程中极力地强调了这所保育园的在地性，并以周边的环境为灵感，提出了"联结互通"的设计概念（图5-2-9～图5-2-11）。

项目信息：
建筑师：日比野设计
地址：都城市，宫崎市，日本
项目年份：2019
建筑面积：1113平方米

图 5-2-9　场所设计围绕四颗古树展开

图片来源：https://www.zhulong.com/bbs/d/42366969.html?tid=42366969

图 5-2-10　不同于中国对幼儿安全的过度强调，日本的幼儿保育园设计提倡冒险和探索精神

图片来源：https://www.zhulong.com/bbs/d/42366969.html?tid=42366969

图 5-2-11 四周的农田

图片来源：https://www.zhulong.com/bbs/d/42366969.html?tid=42366969

　　场地上既有的建筑在过去30年间历经了多次的扩建与改造，但幸运的是，这一建筑至今还是一个与周围自然环境融洽相处，并符合当地儿童学习生活所需的空间。因此，在老旧建筑日益衰败之后，建筑师希望所设计的新大楼可以在贴近当地环境的同时，还要最大限度地满足幼儿学习、玩耍、用餐和体育锻炼的需求（图5-2-12～图5-2-14）。

图 5-2-12 从室内看内庭院

图片来源：https://www.zhulong.com/bbs/d

图 5-2-13　幼儿餐厅——天气好时可以在室外就餐　　　图 5-2-14　对孩子冒险活动的鼓励

图片来源：https：//www.zhulong.com/bbs/d　　　图片来源：https：//www.zhulong.com/bbs/d

　　建筑师对场地上既有的四棵古树进行了保留，以留存当地人对其所具有的记忆与陪伴。建筑师以它们为中心，围绕古树设计了这所幼儿保育园，从而使古树可以从内部的各个空间被观察到（图5-2-15、图5-2-16）。

图 5-2-15　一层平面图

图片来源：https：//www.zhulong.com/bbs/d

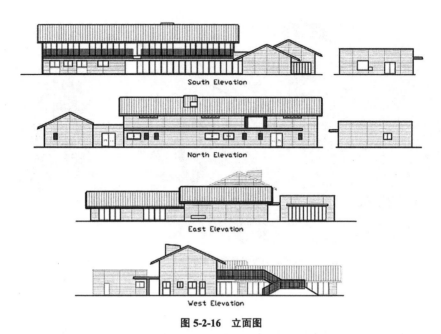

图 5-2-16 立面图

图片来源：https：//www.zhulong.com/bbs/d

建筑师希望借助这样的一种手法，将内外空间联系在一起，并在幼儿和古树之间也搭建一座连接的桥梁。同时，建筑师还将消防楼梯从二楼一直延展到了古树的树枝底下，使得幼儿们可以更加近距离地感受自然的气息。

建筑师在植株的挑选上，对当地常见的雪松和柏树进行了重点地关注，以此来拉近新建保育园与当地社区间的关系。此外，建筑师还将部分的空间进行了适当的分割，使得内部的儿童可以自行地对其进行空间上的功能定义、思考、学习和评估[1]。

5.2.3 炎热气候促成的设计灵感——印度拉贾斯坦邦学校

印度拉贾斯坦邦学校是一座位于印度北部的校园项目，该校园的设计灵感来自于这个国家的乡村和城市的有机元素。项目位于拉贾斯坦邦，那里的气温通常超过35摄氏度（95华氏度）。为应对炎热的气候，设计方案包括一系列开放的和围合的空间，以提供遮荫和缓解炎热气候带来的不适。此外，所有的教室都朝向北侧，以避免师生受阳光直射（图5-2-17～图5-2-19）。

校园规划以具有各种转角小径的半遮荫中央庭院为核心。"通过一系列线性的

---

① ADCNews建日筑闻.日比野新作"MRN幼儿保育园"，场所的自然教育[EB/OL]. https：//mp.weixin.qq.com/s/AnIBrPlgWvGiVqLYVXXujg，2020-03-24.

项目信息：

项目地点：Ras，拉贾斯坦邦，印度　　　　主创建筑师：Sanjay Puri

业主：Shree Cement Ltd.　　　　　　　　场地面积：17652 平方米

建筑面积：8640 平方米

图 5-2-17　校园外景（一）

图片来源：https：//www.zhulong.com/bbs/d/42384553.html?tid=42384553

图 5-2-18　校园外景（二）

图片来源：https：//www.zhulong.com/bbs/d/42384553.html?tid=42384553

图 5-2-19　内庭院景观

图片来源：https：//www.zhulong.com/bbs/d

不规则四边形框架和遮阳梁架的变换组合，在白天，随着太阳方位的移动，该核心区域有着连续变化的阴影图案"，建筑师Sanjay Puri解释到，"空间布局被有意分割开来，允许开放的景观与校园学习空间相互穿插"（图5-2-20、图5-2-21）。

图 5-2-20　遮阳构架（一）

图片来源：https://www.zhulong.com/bbs/d

图 5-2-21　遮阳构架（二）

图片来源：https://www.zhulong.com/bbs/d

礼堂，小学教室和行政空间位于地块南侧，而中学教室，图书馆和自助餐厅则位于庭院的另一侧。整个学校向北侧的多功能运动场和田径运动场开放。在整个设计过程中，角形镂空墙作为遮阳梁架减少了来自东侧，西侧和南侧的太阳热量，形成凉爽的内部空间（图5-2-22、图5-2-23）。

图 5-2-22 室内空间（一）

图片来源：https://www.zhulong.com/bbs/d

图 5-2-23 室内空间（二）

图片来源：https://www.zhulong.com/bbs/d

　　从环境的角度来看，全部电能需求皆由附近的水泥厂的剩余电能提供。除此之外，全部用水都是循环利用。拉贾斯坦邦学校的特色来自于有机的老城，它布局随意，开放式和围合空间交叉组合，设计回应炎热的气候，打造了这所在多方面都具有开创探索性的学校[①]（图5-2-24、图5-2-25）。

---

① 今日头条.来自火红色的热烈暴击：角形网格梁架遮荫下的校园[EB/OL]. https://www.toutiao.com/article/6807282388637319688/，2020-03-23.

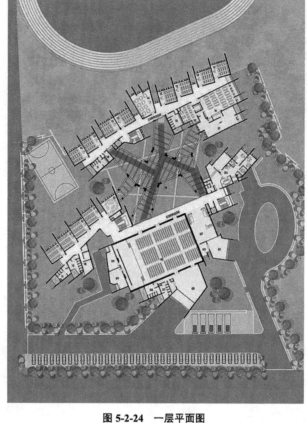

图 5-2-24　一层平面图

图片来源：https://www.zhulong.com/bbs/d

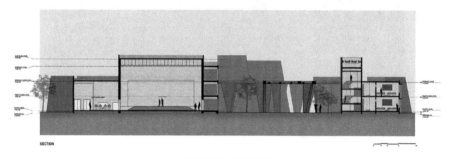

图 5-2-25　剖面图

图片来源：https://www.zhulong.com/bbs/d

5.2.4　以大街组织空间——新加坡光伟中学

　　新加坡光伟中学校园建筑的基本组织元素是一条中央大街，它从大门开始横贯整个校园，终点在校园北侧边缘的圆塔。这种城市化的设置能促进校内的社交生活，而且在校园内其他城市元素的映衬下，获得进一步加强。

大街右角向外延伸的廊道可以通达各个教学楼，操场和排球场位于大街边缘，形式有如城市广场。从一座塔楼和一个讲坛可俯视广场，在举行升旗仪式时，校长可在讲坛上向学生讲话。从操场往前走，高差很大，可通向绿草如茵的运动场，自然元素由此被引进建筑构图之中。附近的新加坡理工学院校园内茂密的树木，构成了光伟中学东北角科学楼的背景（图5-2-26、图5-2-27）。

项目信息：
建筑师：精工咨询私人有限公司
基地面积：30000 平方米
容纳学生人数：1260 人
建筑面积：19096 平方米
容积率：0.64

图 5-2-26　大街由南面通向北面。坡度渐渐倾斜，无论上或下，景观都能留给人深刻印象

图片来源：罗伯特·鲍威尔.学校建筑

图 5-2-27　从庭院内看双层街道

图片来源：罗伯特·鲍威尔.学校建筑

学校食堂可从主干大街直接进入，犹如从城市大街进驻餐馆，其他的设置如书店，门面也是朝向大街，其他的建筑，如书店，健身房和舞蹈室等的门面也是朝向大街。很明显，建筑师是模仿城市的布局，通过分级的空间体验进行的构思（图5-2-28、图5-2-29）。

　　来访者可以通过入口雨棚进入一个过渡性的建筑空间。其左侧通向圆形剧场，而右侧则引向行政管理楼及校长办公室。

　　大街由南向北逐渐倾斜而下，在教学楼和行政楼之间，无论是上坡还是下坡，景观都给人以深刻印象，街道两边的圆柱更加深了这种视觉效果。校区的地形和天

图5-2-28　双层街道连接校园各活动设施

图片来源：罗伯特·鲍威尔.学校建筑

图5-2-29　双层街道连接教室、专用教室，然后通往食堂及礼堂，造型有如看台，可俯视操场上的活动

图片来源：罗伯特·鲍威尔.学校建筑

理想新校园——用建筑空间提升中国教育的未来

然特质得到充分利用，整体设计运用了连贯的现代建筑语言，不加额外的点缀和装饰（图5-2-30）。

图 5-2-30　沿学校入口处设置的圆形剧场可作为小型表演和聚会的场所
图片来源：罗伯特·鲍威尔.学校建筑

　　主干大街的作用是把焦点及注意力放在学校内部的生活。在校园以西是繁忙的主干公路，两者由一块绿草铺满的土丘和一个狭窄的谷地隔开，绝少有外来噪声穿透进来。树木尽可能地被保留下来，作为噪声和视线的屏障。[1]

　　一些细节也令人感到愉悦，尤其是梯塔和连接教学楼的天桥、位于人流交通设施之上的平屋顶以及具有敏感度的窗户。横向百叶板以及玻璃砖很好的融合于结构之中，建筑肌理非常精密。同样的，主干大街上面的高层走道细部处理得当，沿街采用了不同的遮阳设置（图5-2-31、图5-2-32）。

　　由于受到固有的设计局限，例如教室内需要自然通风，这些细节处理赋予了建筑的设计灵魂。许多新加坡的校舍规划要求楼与楼之间必须隔开，然后利用通道连接。这样促使光伟中学的项目建筑师需要扩大人流交通空间和"居住"空间之间的必要分隔（图5-2-33、图5-2-34）。

　　项目建筑师刻意促使主干轴向上和向下倾斜，以突出道路和运动场之间6米的高度差异，希望人们从平稳的地面入口处走到天桥时，可以凭直觉感受到活力、轻盈和自由。在主要大街末端的梯塔预示方向的改变，向前走是教室，回头走则回起点，无论哪一方向，都具有连续性。（图5-2-35～图5-2-37）。

---

① 罗伯特·鲍威尔.学校建筑——新时代校园[M].天津：天津大学出版社.

图 5-2-31 学习环境——工艺和美术教室的玻璃砖墙
图片来源：罗伯特·鲍威尔.学校建筑

图 5-2-32 梯塔和室外梯阶的细部
图片来源：罗伯特·鲍威尔.学校建筑

图 5-2-33 庭院一角
图片来源：罗伯特·鲍威尔.学校建筑

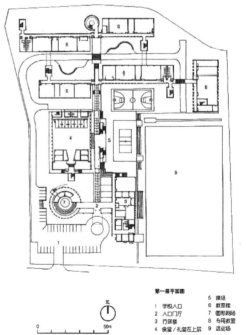

图 5-2-34 首层平面图
图片来源：罗伯特·鲍威尔.学校建筑

剖面图 / 立面图 1-1

图 5-2-35　剖面图 / 立面图 1-1

图片来源：罗伯特·鲍威尔.学校建筑

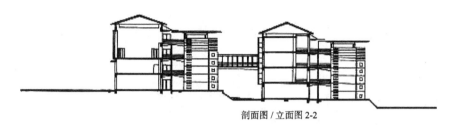

剖面图 / 立面图 2-2

图 5-2-36　剖面图 / 立面图 2-2

图片来源：罗伯特·鲍威尔.学校建筑

剖面图 / 立面图 3-3

图 5-2-37　剖面图 / 立面图 3-3

图片来源：罗伯特·鲍威尔.学校建筑

5.2.5　教育建筑的城市属性——伦敦政经学院马歇尔大楼

马歇尔大楼所位于的场地处于林肯旅馆花园（Lincoln's Inn Gardens）的北面，并和南侧的城市设施一同形成了一个复杂的集群。林肯旅馆花园处于一个独特的交织地带，位于多个不同社区的边界之上，包括全球的剧院圣地和当地的律师圈等。因而，建筑师试图在这几个迥然不同的"世界"中寻找设计的灵感，使得新落成的大楼可以作为一个重要的公共空间融入其中。考虑到这栋建筑将作为马歇尔慈善与社会创业者学院的一个主要使用空间，建筑师将这栋建筑的空间基调定性为一个充满多样性、开放度、包容性和人文关怀的学习研究场所。

同时，这栋新建的大楼也将成为伦敦政经学院的一扇新大门，以给现有的广场空间提供更多的能量和活力。尽管新大楼的正向立面看上去是开放通透的，但其依旧保持了一定的正式感与规范性，从而在欢迎来访者的同时，提供了一个全新的日常交流聚集之所。这样一来，西南侧的John Watkins广场和Saw Swee Hock学生中心就可以通过这栋新建的空间，被完美地串联在一起 [①]（图5-2-38、图5-2-39）。

图5-2-39　校园外景图（二）
图片来源：https://mp.weixin.qq.com/s

项目信息：
建筑师：Grafton Architects　　地址：伦敦，英国
项目面积：17017平方米　　　　土木结构设计：AKT II
景观设计：Dermot Foley Landscape Architects

图5-2-38　校园外景图（一）

图片来源：http://mp.weixin.qq.com/s/CvR02o7DE8E_oyRbyB9x5A

1.大堂

一层大堂是一个灵活开放且包容多样的市民空间。这种类型的开放空间，在伦敦政经学院现有的校园建筑中都是不存在的。而这一新空间的建成，也将为学校各类正式及非正式活动的开展提供一个重要的支持与保障，包括各类学生事务、演出及接待活动的举办。

建筑师还在大楼北面的东侧角落设计了一个巨大的教学及活动空间。这个空间面向大楼的主要入口及一旁的林肯旅馆，从而给这一教学活动空间注入了丰富的活力，保证了日常教学、工作坊和汇报路演的空间功能需求。

艺术彩排及表演空间则位于入口北侧的核心角落，这样一来，这个空间中的演出表演就可以被外侧的过往行人和内部的大堂观众共同欣赏。同时，建筑师还设计了一个可抽拉的幕帘，旨在提供空间必要的隐私要求（图5-2-40、图5-2-41）。

---

① ADCNews建日筑闻.Grafton新作"伦敦政经学院马歇尔大楼"详解，教育建筑的城市属性[EB/OL].[2020-03-11].https://mp.weixin.qq.com/s/CvR02o7DE8E_oyRbyB9x5A.

图 5-2-40　一层大厅室内景观（一）

图片来源：https://mp.weixin.qq.com/s

　　整栋大楼主要的前台和简易咖啡厅则位于空间的东侧，靠近大楼的主客梯，以实现空间的高效率。大楼的厨房空间被建筑师安排在夹层区域，从而和一楼的咖啡厅空间进行联动，主要服务于空间的东侧核心区域。

　　此外，建筑师尽可能地降低了空间的隐私性设计，从而使这个开放包容的空间成为整个城市市民空间的一部分。而拥有私密性需求的学术及研究空间，则被建筑师安排在大楼的二层，进出该空间区域都会要求来访者于电梯内刷卡认证（图5-2-41、图5-2-42）。

　　至于大楼交通流线的设计，建筑师在东侧设计了一个消防楼梯，在西侧设计了一架可以通向地下室的楼梯。整个空间将于日间对学生、教授和城市的市民所开放，而到夜间就会采取相应的安保认证措施。

　　2.内部空间

　　马歇尔大楼是一栋共有12层的建筑，包含地面层和地下的两层空间。整

图 5-2-41　中庭空间开放包容，成为整个城市市民空间的一部分

图片来源：https://mp.weixin.qq.com/s

图 5-2-42　一层大厅室内景观（二）

图片来源：https：//mp.weixin.qq.com/s

栋大楼的主入口和公共区域均位于大楼的地面层，而教学区域则主要位于大楼的一、二层空间。大楼的三至八层则是学院的主要学术研究部门和研究中心。马歇尔慈善基金会则设立在大楼的九层。地下的两层主要容纳了学生健身、艺术彩排和各类活动所需的灵活可变空间。同时，整栋大楼的后备基础服务设施则位于大楼的地下室和地面层空间，并朝向与皇家外科医学院边界相邻的南北向服务通道（图5-2-43～图5-2-45）。

3.立面

马歇尔大楼的每一侧立面都具备了其自身的完整度，在表达内部活动状态的同时，回应了周边场地的地理状态和空间节奏，这一点在大楼的西南两侧显得尤为明显。建筑师在大楼面向林肯旅馆花园的一侧，将一、二层的外立面设计为一个完整

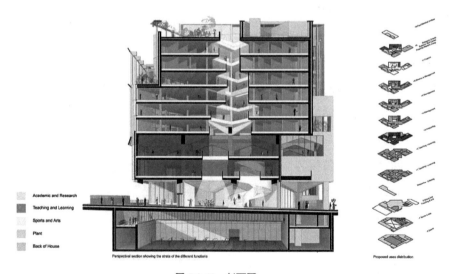

图 5-2-43　剖面图

图片来源：https：//mp.weixin.qq.com/s

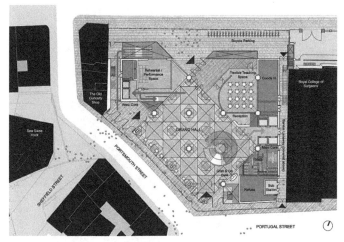

图 5-2-44　总平面图

https://mp.weixin.qq.com/s

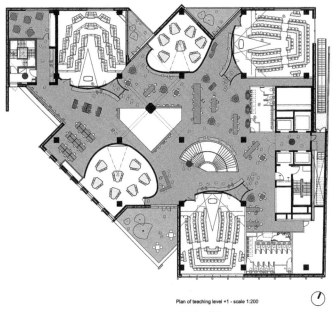

Plan of teaching level +1 - scale 1:200

图 5-2-45　二层平面图

https://mp.weixin.qq.com/s

统一的平面，而在其上则是不断堆砌的砖石块，并且随着建筑高度的增加，其所具备的体量感也会相应地降低而变得轻薄。

建筑师将阳光洒在大楼北侧边界的形态运用到了大楼的外形和北向房间的设计上（图5-2-46）。同时，其还将伦敦天际线的形态、尺度和语言转化到了大楼顶层Marshall慈善基金会的空间设计中。而大楼相应的景观设计，则起到了连接大楼与相邻街区的粘合作用。

图 5-2-46　西北立面

图片来源：https：//mp.weixin.qq.com/s

5.3
小结

学校建筑所构筑的环境与人的学习和健康成长究竟具有怎样的关系，对于人的健康成长起着怎样的作用，怎样发生作用，这是国外很多政策制定者、环境心理学家、教育学者、建筑设计者等关注的课题。学校建筑的重要性正在引起人们的重视，它在激发学生的求知欲望，增强学生的安全感、心理愉悦感的同时，也为提升学生的学习效果，加强师生之间的良性互动，创新教育理念的实施提供了平台。

西方国家的学校建筑改革对我们有重要的借鉴意义，尤其是在当前我国地区经济发展水平差异较大的情况下，充分发挥各地区的资源优势，如何做到将建筑艺术与现代科技有机统一，建筑艺术与教育艺术有机统一，物的因素与人的作用有机统一，标准化与特色化有机统一，学校建筑功能的挖掘与教师培训有机统一，建造适合本地区经济、社会、文化发展的学校建筑，促进当地的教育发展，是摆在我们面前的一个重要课题。

第6章

未来学校

过去已去，现在已来，未来将至。然而，无论是在教育界还是在建筑界，人们对于未来学校的认识与理解仍是仁者见仁，智者见智。关于未来学校的界定，可谓众说纷纭，莫衷一是。这恰好是讨论未来学校的逻辑起点。什么是未来学校？未来学校具有什么显著特征？未来学校有哪些发展方向？对这些问题的思考与探讨，对于我国的未来学校建设具有极其重要的理论价值与实践意义。

> 教育者，非为已往，非为现在，而专为将来。
>
> —— 蔡元培

国外学者马萨诸林和西蒙斯认为，未来学校是一种哲学意义上的教育过程，是一种包括建设、技术、实践和特征的关于时间、空间与问题的对学校教育特殊安排的理想化理解。里米理解，未来学校是为了学生能够更好地掌握应对信息支配的未来社会所需要的21世纪技能，而用新技术引导学习道路的新教育时空[①]。泰德·丁特史密斯则认为，在未来学校里，教师们创造出了得天独厚的学习环境，学生们能实实在在地掌握他们所学的知识，发展出关键的竞争力，在未来能带着成功必备的技能和心态步入社会[②]。朱永新预测，未来学校将会变成学习中心，开学和毕业没有固定的时间，教师的来源和角色多样化，学生一人一张课程表，学习将是基于个人兴趣和解决问题需要的自发学习，是零存整取式的学习，是大规模的网络协作学习[③]。余胜泉认为，未来学校是一种自组织的形态，在对数据精确采集的过程中，可以根据每个学习者的特征和能力，安排不同的学习形态，建立个性化柔性的适合学生个性生长的虚实融合的智慧生态的环境[④]。这些对未来学校的认识。有的只是简单地描述，有的偏向了教育技术，有的倾向走向整合，有的走向了分层，都存在一定的偏颇。

所谓未来学校，是指为了满足个体多样化、个性化发展需求与日益复杂多变的人工智能社会发展的需要而重构的适合每个学生终身学习的真实与虚拟融通的时

① Masschelein, J., & Simons, M.. Education in times of fast learning: the future of the school[J]. Ethics & Education, 2015(1).

② [美]泰德·丁特史密斯.未来的学校[M].魏薇，译.杭州：浙江人民出版社，2018：8.

③ 朱永新.关于未来学校的思考[J].北京：中小学校长，2016(3)：3-4.

④ 余胜泉."互联网+"时代发展个性的未来学校[N].中国信息化周报，2016-6-13.

空。未来学校要以学生为主体，以教师为主导，充分发挥学生的主动性，把促进学生健康成长作为学校一切工作的出发点和落脚点。关心每个学生，促进每个学生主动地、生动活泼地发展，尊重教育规律和学生身心发展规律，为每个学生提供适合的教育[①]。

6.1
互联网时代的教育变革

当今世界正处在大发展、大变革、大调整之中，置身于信息技术、人工智能迅速发展的时代，直面即将到来的未来，未来学校育人的标准也随之做出相应的改变。随着技术进步和社会变革的加速，没有人能够依靠启蒙教育过完一生。虽然学校依然是传播系统性知识的基本途径，但社会机构、工作环境、休闲、媒体等社会生活的其他方面将补充进来。当下热遍全球的核心素养，就是基于未来导向教育的视角，对这四种学习支柱的逻辑展开，在这个新的网络世界里，教育工作者需要帮助新一代数字国民做好更加充分的准备，以应对现有数字技术乃至今后更新技术的伦理和社会问题。

21世纪互联网的发展，为现代学校制度的变革，提供了重要条件。我们今天觉得天经地义的学校生活，因为互联网和信息技术的发展，在润物无声的改变中，发生了翻天覆地的变化。互联网技术在技术层面上已经足以解决传统教育的许多内在缺陷，其中最重要的标志就是慕课的出现。慕课（MOOC）是大规模在线开放课程的英文简称，包括慕课（MOOC），私播课（SPOC），超级慕课（Meta-MOOC），深度学习慕课（DLMOOC），移动慕课（Mobile MOOC），大众开放在线实验室（MOOL），分布式开放协作课（DOCC）等。与名校视频公开课只提供课程资源不同，慕课实现了教学课程的全程参与。在这个平台，学习者可以完成从上课、分享观点、做作业，到参加考试、得到分数、拿到证书的全过程[②]。

近年来，我国的慕课建设与应用也呈现出爆发式增长，在中小学，在线学习也

[①] 国家中长期教育改革和发展规划纲要（2010-2020年）[R].北京：国家中长期教育改革和发展规划纲要工作小组办公室，2010.

[②] 陈玉琨.中小学慕课与翻转课堂教学模式研究[J].课程·教材·教法，2014（10）：10-17，33.

成为一股不可抗拒的潮流。以慕课为代表的互联网教育的兴起，已经为解决传统学校模式的各种缺陷提供了可能性，因为它既可以完成现代学校教育制度要求的大规模教育的效率问题，也可以满足不同学习者对于教育选择的基本要求，学习者可以自由选择课程，自由组织学习团队，自由选择任课教师，随时了解学习进度与知识掌握情况，自由安排学习时间，这是一种与传统学校完全不同的新的学习空间和新的学习组织形式。

风靡全球的教育纪录片《为孩子重塑教育》的制片人泰德·丁特史密斯，在其著作《未来的学校》中已经给传统学校判了"死刑"。他提出，传统学校以有着百年历史的工厂模式为基础，善于培养适合工业社会的劳动力，而工业社会所塑造的世界早已不复存在。所以传统学校是僵化的教育体系打造出来的纸老虎，是创新时代的"博物馆文物"。这种观点认为，网上教学现在是无处不在，无时不可，传统学校已经进入了"无可奈何花落去"的衰亡期，实体学校已无存在的必要。但是教育并非只是传授知识，而是人与人之间双向的交流活动。我们教育的一大目标是让每个学生的身心得到全面发展，德、智、体、群、美的全面发展。学生花在"网课"上的时间越多，提供他们一个面对面交谈，群体合作的学习场所，反而显得越为重要。这样的学习场所可以让学生进行交流，并借助交流把资讯转化为知识[1]，疫情三年来的线上课程实践，也证实了这一点。

网络科技发展一日千里，任何一位建筑师都不能忽略这一形势。未来，学生无论在校园里哪个角落，都会接触到网络科技。新网络科技意味着教与学两者之间的平衡已起了变化，对未来学校设计也产生了影响[2]。我们要解决的问题是，如何利用新科技维持高学术水平，同时加强学生的解难能力和创意思维，形成他们的全球观。未来学校将是线上线下相结合，个人与团队相结合，时间和空间被打破，从这个意义上来说，未来学校可以理解为传统学校的"重生"。

理想新校园——用建筑空间提升中国教育的未来

---

① 南旭光，张培."互联网+"教育：现实争论与实践逻辑[J].电化教育研究，2016（9）：55-60，75.

② 刘云生.论"互联网+"下的教育大变革[J].教育发展研究，2015（20）：10-16.

6.2
未来教育的特征

未来教育具有五大特征：即育人为本、率性而教、学本主义、学无常师和泛在学习。

6.2.1 育人为本

尽管信息技术正在深度融入学校，但是学校育人的本质不会因此而发生改变。变化的只是形式，不变的是其本质。追根究底，学校就是教学生学会生活的场所，学生就是到学校里来学会生活的人。因此，斯宾塞主张："教育是生活的预备"，杜威强调："教育是生活的过程，而不是生活的预备"[①]。未来学校仍然必须以育人为本，为学生学会健康、幸福、快乐的生活而服务。

未来学校育人为本的特征虽然不变，但育人的标准却不得不做出相应的改变。1996年，联合国教科文组织就在《教育——财富蕴藏其中》一书中指出："每个人在人生之初积累知识，尔后就可无限期地加以利用，这实际上已经不够了，他必须有能力在自己的一生中抓住和利用各种机会，去更新、深化和进一步充实最初获得的知识，使自己适应不断变革的世界。为了与其整个使命相适应，教育应围绕四种基本学习加以安排。可以说，这四种学习将是每个人一生中的知识支柱：学会认知，即获取理解的手段；学会做事，以便能够对自己所处的环境产生影响；学会共同生活，以便与他人一道参与人的所有活动，并在这些活动中进行合作；最后是学会生存，这是前三种学习成果的主要表现方式。"[②] 当下热遍全球的核心素养，就是基于未来导向教育的视角，对这四种学习支柱的逻辑展开。联合国教科文组织在研究报告《反思教育：向全球共同利益的理念转变》中特别指出："在这个新的网络世界里，教育工作者需要帮助新一代'数字国民'做好更加充分的准备，应对现

---

① [美]约翰·杜威.学校与社会·明日之学校[M].赵祥麟，任钟印，吴志宏，译.北京：人民教育出版社，2015：6.

② 联合国教科文组织国际21世纪教育委员会.教育：财富蕴藏其中[R].北京：教育科学出版社，1996：75.

有数字技术乃至今后更新技术的伦理和社会问题。"①

6.2.2 率性而教

美国的萨尔曼·可汗曾经尖锐批判学校2.0的弊端："传统的教育模式让学生根据年龄划分成不同年级，制定统一的课表，希望学生能在这种'一刀切'的课程中学有所成。这种教育模式在100年前是不是最佳选择已无从得知，但如今可以确信，它已不再适应当今社会对教育的需求。"② 的确，这种标准化的大工业流水线生产式的学校，过于强调统一课程、统一规格、统一进度、统一模式、标准化与大规模等，不可能完成率性而教的使命。

未来学校则能够担负起"率性而教"这一光荣而艰巨的使命。首先，率性而教的前提是知性，既了解每一位学生的先天禀赋、个性特征、兴趣爱好、最近发展区等。这在学校2.0时代是不可能完成的奢望，而未来学校可以借助大数据、深度学习、云计算、人工智能等，使之由不可能转化为可能。其次率性而教的目的是做到因材施教，把学生发展或被发展的可能性转化为现实性。未来学校可以借助每位学生的大数据进行学习分析，自动推送最适合其学习风格的资源，实施基于私人订制的精准化混合教学，让每个学生以最适合自己学习风格的方式进行学习，朝着最适合自己天性和个性的方向前行，去做自己最感兴趣、最擅长的事儿，最终使每一位学生成为最好的自己。

6.2.3 学本主义

学本主义与教本主义相对应，所谓学本主义，就是以学生的学习为本，而非以教师的教学为本，也可以理解为从"以知识为中心"转变为"以学生为中心"。学本主义具体表现有：一是把未来学校作为利益攸关者共同合作完成学习任务的场所；二是未来学校是实现学习者学习权的场所；三是未来学校是异步学习的场所；四是未来学校是内生学习的场所；五是未来学校是终身学习的持续提供者；六是未来学校是泛在学习之时空③。

未来的教育，将从"以知识为中心"转变为"以学生为中心"，从看重文凭所

① 联合国教科文组织.反思教育：向全球共同利益的理念转变[R].北京：教育科学出版社，2017：18.

② [美]萨尔曼·可汗.翻转课堂的可汗学院[M].刘婧，译.杭州：浙江人民出版社，2014：序言1.

③ 王毓珣.教育学视角下的未来学校[M].上海：华东师范大学出版社，2020.

代表的学历，转变为看重学习经历和学习能力。过去以传授知识为主要目标的教育，在信息革命摧枯拉朽的攻势下束手无策。教育在信息时代下的新目标，是将"教育"一词中更多泛指传授知识技能的"教"，向更多实指学生成长的"学"转变。这是信息时代促使的教育的改变，也是教育对信息时代的回应，是对以学生为中心的呼唤。

学本主义，应该采取"以学定教"的个性化学习。所谓"以学定教"，就是依据学生的具体情况（学情）来确定教学的起点、方法和策略。"以学定教"其实就是一种个性化教育，也可以说是以教助学，是以学生的学习为中心的教学。2010年，我国颁布的《国家中长期教育改革和发展规划纲要（2010—2020年）》也明确提出，要"关注学生不同特点和个性差异，发展每一个学生的优势潜能，为每个学生提供适合的教育"[①]。特色就是卓越，适合的教育就是最好的教育。北京市第三十五中学校长朱建民认为：未来教育一定是私人定制的教育。如何利用有限的空间与资源，尽可能尊重每个学生的学习方式与成长路径，为每个学生的发展提供个性化支持，这是未来学习建设与发展需要考虑的问题。

6.2.4 学无常师

学无常师包括四个方面的内容：

1.教师的内涵与外延将发生变化

人人、事事、物物，只要具有育人助学的功能与作用的，只要能够提供学习资源的，都将成为"教师"。教师的概念正在悄然地向优秀学习资源提供者转变。人人皆可以为师，事事皆可以为师，万物皆可以为师。未来学校将打破围墙走向开放，自然即学校，社会即课堂，万物皆为师，世上的万物都可以成为"教师"。

2."线上教师+线下教师"协同育人的情况将成为常态

未来学校的教师将划分为线上教师与线下教师。线上教师是由一大批优秀的学习资源提供者组成的，优胜劣汰将成为线上教师的生存常态。线下教师更多的是依据大数据反馈，对学习者的学业进行有针对性的辅导，帮助促其前行。当然，线下教师更多的使命还在于促进其群体性的发展，因为虚拟的网络空间虽能提供互动、交流甚至对话，但是人的社会性还是需要在真实的世界里加以培养训练的。

---

① 国家中长期教育改革和发展规划纲要（2010-2020年）[R].北京：国家中长期教育改革和发展规划纲要工作小组办公室，2010.

3.走向专业化的教师团队将越来越多

作为未来学校学习资源提供者的教师，单凭一个人的力量，已经远远不能满足各类学习者日益多元化、多样化的学习需求。专业化的教师团队将成为未来学校的标配。一方面，网上优秀的学习资源提供者将不仅仅只有一名主讲教师，在其背后会存在着强大的专业支持团队。另一方面，线下教师将出现专业与非专业并存的局面。从全面发展教育的视角预测。在未来学校之中，线下教师不可能消亡，他们不仅更多地担负起德育、体育、美育与劳动教育等重任，而且智育的培养也离不开他们。

4."教师+人工智能助教"协同育人将成为常态

在未来学校之中，作为教师的助手，人工智能教师将承担起助教的责任。目前，我国生产的机器人智能学伴也逐渐走进教堂，成为教师的人工智能助教。伴随着人工智能助教的发展及普及，教师的教学负担将大幅减少，基于教学诊断与精准教学的个性化教学将成为可能。同时，人机协调能力将成为教师必备的关键能力之一。换言之，人工智能助教虽然不能取代教师，但却可以帮助教师与学生做大量的事情，成为师生强大的助手，大幅度提高教与学的效果、效率、效益与效力。未来的课堂将是教师加人工智能助教共同来上的双师型课堂，一个教师与人工智能助教协调共生的时代将要到来。[①]

6.2.5 泛在学习

泛在学习包括五个方面的内容：

1.泛在性

学习将无处不在，无所不在，可以发生在教室、社区、车上、家里等一切场所，对于学生来说，可满足学生实时可学的需求。

2.连续性

嵌入式学习融入公众生活中，无处不在，使人无法察觉学习的存在。正式学习、非正式学习相结合；个人学习、社群学习相融合；课堂学习、网络学习优势互补。泛在学习是正式学习、非正式学习的连续统一体，是跨情境边界的学习。

---

① 余胜泉. 2018人工智能+教育蓝皮书[EB/OL]. https://sohu.com/s/KFkOrhlAodD7KwgIYS-x_g, 2019-01-29.

3.社会性

它是学习的一种内在本质属性，是形成能力及社会化的必经途径。在学习过程中，通过构建社会认知网络，可促进学生学习。同时，构建社会认知网络也成为学习的认知目标。构建社会社认知网络不仅是一种辅助学习的手段和工具，还是学习的重要目的。

4.情境性

情境是整个学习中重要且有意义的组成部分，情境学习强调知识是学生与学习环境互动的产物，不是老师传授而来的产物。

5.连接性

学习是共享和构建个体认知网络和社会认知网络的过程，个人认知组成了个体认知网络，学习空间中的情境问题与其他学生构成了社会认知网络。学生在情境交互过程中完善和改进自己的个体认知网络，同时作为社会认知网络的一部分，分享和构建了社会认知网络。头脑中有内部知识结构，网络上有外部知识结构，学习是内部知识结构和外部知识结构连接的过程，连接越多，转化越多，学习能力越强。泛在学习强调内部知识结构和外部知识结构的连接整合。[①]

互联网的飞速发展，促进终身学习理念不断深入人心，人们对学习本质的认知也日趋多元和深入。传统观念中诸如学校学历教育和继续教育这样的正式学习场景，依然在人们的生活中占据重要地位。但是，在非正式场合下，人们通过社会交往等形式开展的自我调控、自我负责的非正式学习也在潜移默化地发挥着重要的作用。实际上，随着信息时代的不断发展，进行正式学习与非正式学习互补融合的无缝学习的趋势日趋明显。泛在学习通过无缝连接正式与非正式的学习环境，使学生能够体验更富个性化的学习方式，构建更加完整的知识体系。在未来教育中，进行正式学习和非正式学习互补融合的泛在学习的趋势将会愈加明显。

---

① 余胜泉."互联网+教育"未来学校[M].北京：电子工业出版社，2019.

6.3
未来学校的特征

未来学校具有四大特征：即学无边界、学习中心、智能交互和绿色生态。

6.3.1 学无边界

学无边界（Learning without Borders），也即无边界学习，是指未来学校将逐渐突破时间、空间和体制的隔阂，学校、家庭、社区和社会的资源以及虚拟与现实的资源将进一步融合，形成更灵活、跨领域的学习共同体。教有时限，但学无边界，未来学校一定是学无边界的学校。学无边界包括四方面内容：

1.学习内容无边界

未来学校将是学科无边界、课程无边界的学习内容无边界的学校。未来学校将会突破学科边界，走向主题式学习、项目学习、问题学习、研究性学习、探究性学习、挑战性学习等，实现学科无边界；将会突破课程边界，走向课程整合、综合课程等课程无边界。这其中有代表性的就是STEM课程、STEAM课程、STREAM课程，这些课程其实就是一种集科学、技术、工程、艺术、数学、写作等多学科于一体的综合课程。

2.学习空间无边界

未来学校将会是教室无边界、学校无边界的学习空间无边界学校，未来学校将会让学生走出教室、走出学校，到家庭、社会、自然中去。例如天津王希萍校长坚持的学校、家庭、社会三结合教育，教育部等11个部门推进的中小学生研学旅行等教育形式，都是为了让学生拓展视野、丰富知识、了解社会、亲近自然、参与体验，创造出让学生走出教室、走出校园的学习空间无边界形式。

3.学习时间无边界

伴随着新知识的不断产生，学校再也不是走向成人前或工作前的准备，这就要求必须对现行学制进行彻底改造。未来学制将走向学制无边界、终身学习的学习时间没有边界的状态，学习一段时间工作，工作一段时间学习，或者边工作边学习将成为学习者的一种常态。更进一步，未来学校将彻底打破学校各级各类教育的界限，2.0时代创造的幼儿园、小学、初中、高中、大学将成为过去式，普通教育与职业教育的分野将成为历史，真正意义上的合纵连横将化为现实，学习时间将走向无边界。

4.学习形态无边界

信息技术、人工智能等的高速发展，深刻地改变了学校教育形态。伴随着慕课、翻转课堂等的创新，可汗学院等的发展，各种音频、视频学习软件或工具的出现，CLASSIN等各种学习数字平台的进步，各种教育智能机器人的发展，学习形态正在发生天翻地覆的变化，无时不在、无处不在的学习正在化为现实。未来，实体学校不可能完全消亡，但是却会大胆拥抱互联网、人工智能，并走向多元开放，走向虚实结合，走向学习定制，走向时时可学、走向处处能学、走向人人皆学，学习形态将走向无边界。[①]

6.3.2 学习中心

中国教育科学院于2013年正式启动中国未来学校创新计划，成立了未来学校实验室。中国教育科学院在《中国未来学校白皮书》中提到，未来学校是以围绕社会发展对人核心素养的要求为培养目标，通过课程设置、学习方式、学习环境、教育技术和学校组织机构的变革而构建的面向未来的学校。在对未来学校的研究中，有一个著名的观点，那就是新教育实验发起人朱永新的见解，他认为：今天的学校，会变成明天的"学习中心"。未来的学习中心跟我们今天的学校不同，它可以是网络型的，也可以是实体型的。它不是孤岛，而是一个开放的体系。未来的学生，不是像现在一样只在一所学校学习，而是可以在不同的学习中心学习[②]。

未来学习中心没有固定教室，每个房间都需要预约；学习中心没有以"校长室"为中心的领导机构，更像创业孵化器；学习中心可以在校园，也可以在社区；没有统一的教材，没有统一的上课时间，全天候开放；没有学制，没有年龄的限制；从以知识为中心，转变为以学生为中心，教师成为自主学习的指导者、陪伴者。教育从补短教育走向扬长教育，让每一个学生都不断地挖掘自己的潜能，让他们变得更为自信[③]。

---

① 王毓珣.教育学视角下的未来学校[M].上海：华东师范大学出版社，2020：52-55.

② 朱永新.未来学校：重新定义教育[M].北京：中信出版集团有限公司，2019.

③ 林楠.面向未来的校园建设[J].设计，2019(10)：20-26.

6.3.3 智能交互

随着教育理念的不断革新，建筑领域对于未来校园设计的探索从未止步。在国家"双减"政策、人本教育等观念的影响下，学校校园的学习区域已突破教室的围界，向课堂外的"泛学习空间"拓展。理想的泛学习空间是一智能交互、灵活、非正式、无边界的学习空间，能够将学习行为从传统的课堂中释放出来，泛教育可以随时随地在中庭、架空、走廊等空间中进行。2020年，教育部提出未来的学校将立足数字化智能时代的背景，从学生的认知角度构建开放融合、打破边界、具有广泛联结和互动特点的学习空间，为学习者在空间中的认知交互方式提出新的规划。

技术的发展趋势对预测未来的教学空间有至关重要的作用。回顾现代时期的教育空间变革可以发现，教学法和空间设计理念的转变节点常紧跟技术的标志性变革，技术与教育的迭代发展模式催生了与其相对应的空间形态。工业及数字化革命推动技术产生阶梯式进步，而教育在技术推动下产生了跨越式提升，激发了一次次变革。相应地，教学方式从强调背诵记忆的标准化学习转变为混合式的合作探究型学习，再到智能时代所倡导的泛学习和个性化学习；学习空间也逐渐打破走廊串联矩形教室的典型模式，基于自动化、多媒体等信息技术支持，发展出弹性使用的复合空间。随着人工智能、互联网、AR、VR等具身技术普遍运用于教学，学习空间的边界更加模糊化，创造出联结任意时空的、具身化与虚拟交互相结合的泛学习空间形态将成为一种必然。戈尔丁（Goldin）等人预测了未来教育将可能领先于技术的发展，以更符合时代需求的教学目标及创新模式带动新技术的产生，未来学校空间也将延续无边界、交互性的形态特征以满足教学与技术更替所提出的新需求[①]（图6-3-1）。

美国教育部发布的《21世纪技能框架》、世界经合组织（OECD）发布的《面向未来教育：未来学校教育四种图景》及世界经济论坛组织（WEF）倡导的未来教育4.0框架等报告显示，创造性、批判性、社交性等思维和行动方式因无法被人工智能取代，已成为未来人才培养最重要的目标之一。这些技能往往需要在认知学习过程中保持全身心投入，调动更丰富的身体感官，这预示着未来学习空间将趋向于鼓

---

① 谢琦，曲菲.未来小学泛学习空间多感官认知评估与设计策略[EB/OL]. https://mp.weixin.qq.com/s/o1aoCl5wFtKjf8o7EKZ53Q，2023-01-17.

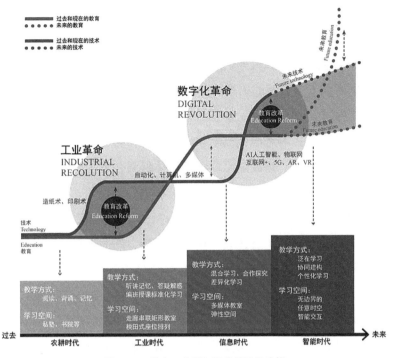

图 6-3-1 教育、空间与技术的演化趋势

图片来源：https://mp.weixin.qq.com/s/o1aoCl5wFtKjf8o7EKZ53Q，由作者改绘

励创造和沉浸交互的泛学习模式，以及多感官参与的学习和信息获取体验。例如在未来学校中设计视听交互的智能教学场景，提升泛学习空间中的兴趣学习和有效理解。对于以知识共享为主要功能的泛学习空间，智能互动展板和沉浸式讲解可作为主要的设计策略。视听交互的教学设施提高了学生的专注力，让教学内容的瞬时可见性和可理解程度显著提升，学生在视听交互场景下处于相对愉悦的认知唤醒状态，这有利于交感神经参与认知和记忆，也提升了主观上的知识掌握程度。

在现有的未来式校园建筑案例中，美国的高技术学校（High Tech High）、秘鲁的创新学校（Innovative School）、瑞典的维特拉电信小学（Vittra Telefonplan）均包含了以智能化、交互性、人性化、无边界为特点的泛学习课堂，通过改变开放度、增加具身设施和交互界面等策略，支持学生在空间中的互动和协作参与。学生在上述泛学习空间中的心理生理感知和教学效果值得被进一步挖掘。

6.3.4 绿色生态

绿色生态是人类基于对第二次工业革命时代学校2.0的深刻反思，遵循人、自然与社会三者和谐共生这一客观规律而追求的一种未来学校发展特征。它强调人与自身、人与社会、人与自然的和谐共生、良性循环、全面发展、持续繁荣，绿色生态将成为未来学校的主要特征之一。

未来学校绿色生态的特征具体表现为：

（1）环保低碳。人与自然的关系始终是人类社会关注的问题。未来学校强调人与自然的和谐共生，环保、低碳、物联、智慧、健康将成为未来学校实体建设的关键词。未来学校将严格控制老城区或老校舍报废率，努力提高设施利用率与可变通性，努力引进太阳能发电、地源热泵取暖、墙体保温、节水节电、污水处理、垃圾分类、循环利用、高能效家电、节水型器具等技术。

（2）虚实相融。未来学校的学习空间既包括实体的空间，也包括虚拟的空间。未来学校既重视实体空间的生态建设，也重视虚拟空间的生态建设，为学习者营造优良的学习环境。

（3）人机协调。未来学校中，一个人机共存的学习生态正在形成，学习的消费者、资源的提供者、教学的服务者、资金的支持者、评价的提供者以及证书的提供者，都在发生巨大的变革。未来学校的学习供给将通过人机协调无缝对接学生的需求，教与学方式将重构，整个学校的运作流程将重构，崭新的人机协调的学习生态圈将逐渐建立起来。

总之，未来学校的绿色生态包括人与自然、人与社会、人与自身以及人与机器的和谐、共存、共通、共处、共生、共荣。

6.4
未来，到底有多远？

世界各国对未来学校模式的探索从20世纪起就已经悄然出现，如芬兰的"Me & My City"沉浸式体验学习，特斯拉创始人马斯克创立的Ad Astra School这样的城市"小微学校"，被誉为"极有可能成功"的提倡项目式学习模式的美国High Tech High（HTH）学校，提倡"教室无边界、自然是课堂"的自然教育学校，美国圣迭戈的高中，澳大利亚悉尼的学习创新中心，瑞典的维特拉学校，提倡自主学习的美国瑟谷学校，进行课程重构的密涅瓦大学，更有把世界当作教室的思考全球学校（Think Global School）。

在我国，近些年来也涌现出不少多种形态的探索型学校。未来学校，在局部地区已经成为现实。如提倡"走班制"，学科教师和科任老师相对固定，学生可根据自己的兴趣，愿望和能力水平，选择符合自己需要的学科课程和层次班级走班上课，类似于未来学习中心与传统学校之间的一个过渡的北京11学校[①]；如从"以教师为中心"向"以学生为中心"的转变的北京大学附属中学朝阳未来学校[②]；如提出了"超级学校"模式的深圳大梅沙万科中心教育改造项目等等[③]。未来理想的教育空间可以这样描述：教育对空间的要求在建筑中得到贴切的体现，这种体现达到了一种境界，反过来可以促进未来教育的实施。

教育的本质是"人点亮人"[④]。以未来照亮现实，不仅是教育工作者的使命，也是对我们这一代建筑师提出的挑战。学校建筑是大量型建筑，但在该领域的论文、专著、译文的数量与大量存在的学校建筑是极不"相称"的，离我国有约2亿学生的成长需求现状，更有不小的距离。长期有计划地总结、研究、预测教育建筑发展的方向，以此来满足和适应学校未来的发展是十分必要的。教育建筑的变革，不会一蹴而就，而是润物细无声的改变。但是如果我们主动迎接，主动介入通往未来的教育建筑趋势，这个趋势就有可能会向着我们期待的方向发展。

未来，从此刻开始。

① 米祥友.新时代中小学建筑设计案例与评析（第一卷）[M].北京：中国建筑工业出版社，2018.
② 米祥友.新时代中小学建筑设计案例与评析（第二卷）[M].北京：中国建筑工业出版社，2019.
③ 米祥友.新时代中小学建筑设计案例与评析（第三卷）[M].北京：中国建筑工业出版社，2021.
④ 罗振宇.2020"时间的朋友"跨年演讲[EB/OL].Jianshu.com/p/9972985706c9，2020-01-01.

北京房山四中

设计单位：OPEN建筑事务所

项目地点：北京市房山区

合作设计院：北京市建筑设计研究院有限公司

北京三十五中高中新校园

工程地点：北京市西城区

设计时间：2008年～2014年

建成时间：2015年

建筑设计：中国建筑设计研究院

合作团队：北京市古建研究所

北京建工建筑设计研究院

北京创新景观园林设计有限公司

朝阳未来学校（北大附中）景观改造

总用地面积：51560平方米

设计周期：2018年3月至2018年5月

施工周期：2018年7月至2018年9月

完成时间：2018年9月

设计方：Crossboundaries，北京

合作方：北京建筑设计研究院-元景景观建筑规划工作室、

北京建筑设计研究院-第五建筑设计院

上海师范大学附属实验小学嘉善校区

室内设计事务所：北京和立实践建筑设计咨询有限公司

项目完成年份：2017年

建筑面积：45000平方米

广东省河源市特殊教育学校

设计单位：华南理工大学建筑设计研究院有限公司陶郅工作室

地点：广东河源

基地面积：7009.9平方米

建筑面积：9383平方米

结构形式：框架结构

深圳梅丽小学

系统设计：香港中文大学建筑学院

方案设计：香港元远建筑科技有限公司

施工图设计：深圳市建筑设计研究总院有限公司

专项复核：奥雅纳（Arup）工程顾问有限公司

工艺设计：深圳市元远建筑科技发展有限公司

深圳龙华教科院附属外国语学校

系统设计：香港中文大学建筑学院

施工图设计：深圳市建筑设计研究总院有限公司

BIM设计：深圳元远建筑科技有限公司

结构顾问：奥雅纳（Arup）工程顾问有限公司

制造方：嘉合集成模块房屋有限公司

深圳红岭实验小学

地址：深圳市福田区侨香四道与安托山二路交汇处东北侧

项目年份：2017—2019年

建筑面积：33721平方米

建筑师：源计划建筑师事务所 O-office Architects

结构顾问：广州容柏生建筑结构设计事务所

深圳龙华三智学校

项目地址：深圳市龙华区

设计时间：2018 年

项目规模：82000 平方米

设计团队：坊城设计

深圳皇岗中学

项目地址：深圳市福田区

设计时间：2019 年

项目规模：75980 平方米

方案设计团队：上海中同学校建筑设计研究院，

中国美术学院风景建筑设计研究总院

合作设计院：中国建筑东北设计院深圳分院

深圳前海三小

建筑师：深圳大学建筑设计研究院有限公司

地址：深圳南山区前海路

建筑面积：33200 平方米

项目年份：2018 年

深圳华中师范大学附属龙园学校

位置：广东 深圳

设计公司：筑博设计-联合公设

深圳南山外国语学校科华学校

位置：广东 深圳

设计公司：Link-Arc 建筑师事务所

南山实验教育集团前海港湾学校

设计单位：奥意建筑工程设计有限公司，利安（顾问）中国有限公司

建造地点：深圳前海

建成日期：2018.8.15

用地面积：21671.95平方米

总建筑面积：34925.97平方米

容积率：1.66

建筑高度：23.95米

设计人员：（奥意）顾德　廖惠芬　黄卓

　　　　　（利安）李文光　林　晞　李洁怡

深圳前海荟同国际学校

设计单位：伦佐·皮亚诺建筑工作室

　　　　　Renzo Piano Building Workshop，architects

项目地点：广东省深圳市

建成时间：2019年

建筑面积：58000平方米

山西兴县120师学校

建筑师：WAU建筑事务所

景观建筑师：WAU建筑事务所

施工图单位：深圳清华苑建筑设计

地址：山西，兴县

建筑面积：36000平方米

设计时间：2013—2014年

深圳新沙小学

建筑设计：一十一建筑

地址：深圳市福田区新洲七街66号

面积：37000平方米

主创建筑师：谢菁、FUJIMORI Ryo

设计团队：罗明钢（项目建筑师）、许森茂、周子豪、
　　　　　张晓骏、何奕君、蔡梓莹、袁玉林
建筑施工图设计：深圳市天华建筑设计有限公司
景观施工图设计：GND设计集团
室内施工图设计：深圳界内界外设计有限公司

杭州崇文世纪城实验学校

位置：浙江 杭州

设计公司：度向建筑

杭州富文乡中心小学改造

位置：浙江 杭州

设计公司：中国美术学院风景建筑研究院总院

海口寰岛实验学校初中部

位置：海南　海口

设计公司：迹·建筑事务所（TAO）

重庆南开两江中学

项目地点：重庆市

项目规模：109000平方米

设计单位：gad建筑事务所

施工图设计：中机中联工程有限公司

江西景德镇圣莫妮卡国际学校

项目地点：重庆市江西省景德镇市

项目规模：11705平方米

设计单位：中集建筑设计院有限公司

美国"The Heights"高地大楼

建筑师：Bjarke Ingels Group

地址：阿灵顿，弗吉尼亚，美国

建筑面积：16700平方米

项目年份：2019年

丹麦托尔斯港Glasir教育中心

设计团队：Bjarke Ingels Group

项目地点：丹麦法罗群岛，托尔斯港

项目面积：19200平方米

建成年份：2018年

日本MRN幼儿保育园

建筑师：日比野设计

地址：都城市，宫崎市，日本

项目年份：2019年

建筑面积：1113平方米

印度拉贾斯坦邦学校

项目地点：Ras，拉贾斯坦邦，印度

主创建筑师：Sanjay Puri

业主：Shree Cement Ltd.

用地面积：17652平方米

建筑面积：8640平方米

新加坡光伟中学

建筑师：精工咨询私人有限公司

用地面积：3.0公顷

容纳学生人数：1260人

建筑面积：19096平方米

基地覆盖率：26.67%

容积率：0.64

伦敦政经学院马歇尔大楼

建筑师：Grafton Architects

地址：伦敦，英国

项目面积：17017平方米

土木结构设计：AKT II

机械工程设计：Chapman BDSP

交通设计咨询：Steer Davies Gleave

消防安全设计：Chapman BDSP

景观设计：Dermot Foley Landscape Architects

参考文献

[1] 勒·柯布西耶.走向新建筑[M].南京：江苏凤凰科学技术出版社，2016.

[2] 爱莉诺·柯蒂斯，2005.学校建筑[M].卢韵伟，赵欣，译.辽宁：大连理工大学出版社.

[3] 长泽悟，中村勉.国外建筑设计详图图集10：教育设施[M].北京：中国建筑工业出版社，2004.

[4] 张宗尧，李志民.建筑设计指导丛书——中小学建筑设计[M].北京：中国建筑工业出版社，2018.

[5] 中国建筑学会.建筑设计资料集.第三版4集[M].北京：中国建筑工业出版社，2018.

[6] 张宗尧，赵秀兰.现代建筑设计系列手册——托幼 中小学校建筑设计手册[M].北京：中国建筑工业出版社，2008.

[7] 江立敏，刘灵.新时代基础教育建筑设计导则[M].北京：中国建筑工业出版社，2019.

[8] 高迪国际出版有限公司.中小学建筑[M].大连：大连理工大学出版社，2012.

[9] 张泽蕙，曹丹庭，张荔.中小学校建筑设计手册[M].北京：中国建筑工业出版社，2008.

[10] 米祥友.新时代中小学建筑设计案例与评析（第一卷）[M].北京：中国建筑工业出版社，2018.

[11] 米祥友.新时代中小学建筑设计案例与评析（第二卷）[M].北京：中国建筑工业出版社，2019.

[12] 米祥友.新时代中小学建筑设计案例与评析（第三卷）[M].北京：中国建筑工业出版社，2021.

[13] 罗伯特·鲍威尔.学校建筑——新时代校园[M].天津：天津大学出版社，2002.

[14] 邱茂林，黄建兴.小学、设计、教育[M].台北：田园城市文化事业有限公司，2004.

[15] 周崐，李曙婷.适应教育发展的中小学校建筑设计研究[M].北京：科学出版社，2018.

[16] 李曙婷.适应素质教育的小学校建筑空间及环境模式研究[D].西安：西安建筑科技大学，2008.

[17] 赵劲松，边彩霞.非标准学校：当代复合式学校建筑"非常规构想"[M].北京：中国

水利水电出版社，2018-01：58-60.

［18］顾倩.中小学校建筑设计[M].沈阳：辽宁科学技术出版社，2013.

［19］陶郅，苏笑悦，邓寿朋.让特殊变得特别：特殊教育学校设计中的人文关怀——广东省河源市特殊教育学校设计[J].建筑学报，2019（1）：93-94.

［20］钟中 李嘉欣."用地集约型"中小学建筑设计研究——以深圳近三年中小学方案为例[J].住区，2019，06：130-140.

［21］吴船 董灏.重讲校园故事——北大附中本校及朝阳未来学校校园景观改造[J].建筑技艺，2020，01：72-79.

［22］周红玫.福田新校园行动计划：从红岭实验小学到"8+1建筑联展"[J].时代建筑，2020（2）：54-61.

［23］何健翔，蒋滢.走向新校园：高密度时代下的新校园建筑[R].深圳：深圳市规划和自然资源局，2019.

［24］汤志民.教室情境对学生行为的影响[J].教育研究，1992，（23）：44.

［25］刘可钦.中关村三小：3.0版本的新学校[J].人民教育，2015（11）：46-49.

［26］朱燕芬.非正式学习空间：发现最美的生长[J].江苏教育，2020（10）：44-45.

［27］朱永新.未来学校：重新定义教育[M].北京：中信出版集团有限公司，2019.

［28］[英]安东尼·塞尔登 奥拉迪梅吉·阿比多耶.第四次教育革命——人工智能如何改变教育[M].北京：机械工业出版社，2019.

［29］余胜泉.互联网+教育——未来学校[M].北京：电子工业出版社，2019.

［30］[美]约瑟夫·E·奥恩.教育的未来——人工智能时代的教育变革[M].北京：机械工业出版社，2019.

［31］陈玉琨.中小学慕课与翻转课堂教学模式研究[J].课程·教材·教法，2014（10）：10-17，33.

［32］南旭光，张培."互联网+"教育：现实争论与实践逻辑[J].电化教育研究，2016（9）：55-60，75.

［33］刘云生.论"互联网+"下的教育大变革[J].教育发展研究，2015（20）：10-16.

［34］宁海林.阿恩海姆视知觉形式动力理论研究[M].北京：人民出版社，2009.

［35］绿色建筑评价标准GB/T 50378—2019[S].北京：中华人民共和国住房和城乡建设部，2019.

［36］中小学校设计规范GB 50099—2011[S].北京：中华人民共和国住房和城乡建设部，2010.

［37］国家中长期教育改革和发展规划纲要（2010—2020年）[R].北京：国家中长期教育改革和发展规划纲要工作小组办公室，2010.

［38］楚旋.30年来国外改进研究述评[J].现代教育管理，2009（12）：97-100.

理想新校园——用建筑空间提升中国教育的未来

［39］中国共产党中央委员会.中共中央关于教育体制改革的决定[R].北京：中国共产党中央委员会，1985.

［40］建日筑闻.高容积率下的流动院落：深圳前海三小，深圳大学建筑设计研究院·元本体工作室[EB/OL]. https：//mp.weixin.qq.com/s/JgntKQZDrG3TIWB0YTh7nA，2019-07-31.

［41］光明城.诺亚方舟计划：深圳梅丽小学校舍腾挪，新校园行动计划[EB/OL]. https：//mp.weixin.qq.com/s/CsXV1SlGIybelwVj747Ymw，2018-09-19.

［42］AT建筑技艺.为什么中国的幼儿园大多"万无一失"，而日本的幼儿园喜欢"制造危险"?[EB/OL]. https：//mp.weixin.qq.com/s/F9NzqV4XE9GYFxeEKbY7-w，2020-05-13.

［43］吴奋奋.学校建筑设计：从教育开始[EB/OL].https：//m.sohu.com/a/270034595_ 100285737/?pvid=000115_3w_a&qq-pf-to=pcqq.group，2018-10-19.

［44］AT建筑技艺.学习不止于教室——看张家港市实验小学如何打造激励性的"非正式学习空间"[EB/OL]. https：//mp.weixin.qq.com/s/KFkOrhlAodD7KwgIYS-x_g，2020-04-16.

［45］龙华教育.龙华区和平实验小学：建一所绽放生命色彩的未来学校[EB/OL]. https：//mp.weixin.qq.com/s/CjLyt4msaETvBWUPuTwhYQ，2020-05-18.

［46］灵犀CONSONANCE.上海师范大学附属实验小学嘉善校区室内设计，和立实践建筑设计[EB/OL]. https：//mp.weixin.qq.com/s/4hPZyQN_MD7kcNGMnc_mog，2020-01-22.

［47］建筑实践.杭州淳安县富文乡中心小学/中国美术学院风景建筑设计研究院王伟工作室[EB/OL]. https：//view.inews.qq.com/a/20210113A01JDV00，2021-01-13.

［48］GOOOOD谷德设计网.北京四中房山校区终于落成[EB/OL].https：//mp.weixin.qq.com/s/3SsYYxy4IOgMIzXI1Ynyzg，2014-10-16.

［49］筑龙学社.北京三十五中高中新校园[EB/OL].https：//bbs.zhulong.com/ 101010_group_201806/detail38025331/?from=singlemessage&checkwx=1，2018-12-20.

［50］有方空间.动态的漩涡：托尔斯港Glasir教育中心 / BIG[EB/OL].https：//mp.weixin.qq.com/s/4hpFzV_nRQG-rEoX-jHhnw，2020-02-01.

［51］ADCNews建日筑闻.日比野新作"MRN幼儿保育园"，场所的自然教育[EB/OL]. https：//mp.weixin.qq.com/s/AnIBrPlgWvGiVqLYVXXujg，2020-03-24.

［52］今日头条.来自火红色的热烈暴击：角形网格梁架遮荫下的校园[EB/OL]. https：//www.toutiao.com/article/6807282388637319688/，2020-03-23.

［53］ADCNews建日筑闻.Grafton新作"伦敦政经学院马歇尔大楼"详解，教育建筑的城市属性[EB/OL]. https：//mp.weixin.qq.com/s/CvR02o7DE8E_oyRbyB9x5A，2020-03-11.

［54］罗振宇.2020"时间的朋友"跨年演讲[EB/OL]. Jianshu.com/p/9972985706c9，2020-015-01.

致　谢

以下机构及个人提供了部分学校照片的版权

深圳大学建筑设计研究院有限公司　　蔡瑞定

源计划建筑师事务所　　蒋　滢

住区　　李文海

中国建筑东北设计院深圳分院　　支　宇

WAU 建筑事务所　　吴林寿

深圳易加设计有限公司　　高　岩

华南理工大学建筑设计研究院　　苏笑悦

坊城设计　　陈泽涛

土木石建筑设计事务所　　邓文华

深圳一十一建筑事务所　　谢　菁

奥意建筑工程设计有限公司　　王岚兮

深圳市建筑设计研究总院有限公司　　廉大鹏

中集建筑设计院有限公司　　张　强